国家自然科学基金项目(52104088)资助
深部岩土力学与地下工程国家重点实验室开放基金项目(SKLGDUEK1914)资助

开挖扰动下弱胶结软岩力学特性及巷道支护技术

刘家顺　勾　煜　著

中国矿业大学出版社

·徐州·

内 容 提 要

本书针对西部地区典型弱胶结软岩矿山工程建设问题,采用室内试验、理论分析、数值模拟和理论模型计算等方法,研究了弱胶结软岩物理、水理特性,不同开挖扰动应力状态下弱胶结软岩的强度和变形特性以及巷道长期流变特性,并结合红庆梁矿软岩巷道工程研究了弱胶结软岩地层巷道支护技术。本书主要内容包括:第 1 章为弱胶结软岩的基本物理、水理特性;第 2 章为常规三轴条件下弱胶结软岩强度及变形特性;第 3 章为岩土材料分数阶蠕变本构理论;第 4 章为弱胶结软岩蠕变特性试验研究;第 5 章为考虑主应力轴旋转的弱胶结软岩力学特性研究;第 6 章为弱胶结软岩巷道非对称耦合支护技术研究。

图书在版编目(C I P)数据

开挖扰动下弱胶结软岩力学特性及巷道支护技术 /
刘家顺,勾煜著. —徐州 : 中国矿业大学出版社,
2022.3

  ISBN 978 - 7 - 5646 - 5332 - 3

  Ⅰ.①开… Ⅱ.①刘… ②勾… Ⅲ.①胶结结构−软
弱岩石−岩石力学性质②软岩巷道−巷道支护 Ⅳ.
①TU452②TD353

  中国版本图书馆 CIP 数据核字(2022)第 048323 号

书　　名	开挖扰动下弱胶结软岩力学特性及巷道支护技术
著　　者	刘家顺　勾　煜
责任编辑	杨　洋
出版发行	中国矿业大学出版社有限责任公司
	(江苏省徐州市解放南路　邮编221008)
营销热线	(0516)83884103　83885105
出版服务	(0516)83995789　83884920
网　　址	http://www.cumtp.com　E-mail:cumtpvip@cumtp.com
印　　刷	徐州中矿大印发科技有限公司
开　　本	787 mm×1092 mm　1/16　**印张** 8.25　**字数** 211 千字
版次印次	2022 年 3 月第 1 版　2022 年 3 月第 1 次印刷
定　　价	48.00 元

(图书出现印装质量问题,本社负责调换)

前　言

随着我国中东部浅埋地层煤炭资源逐渐枯竭,煤炭资源开采逐渐向深部延伸和向内蒙古、新疆和宁夏等西部省份矿区转移。西部地区储煤地层主要以中生界白垩系和侏罗系等为主,由于特殊的成岩环境和沉积过程,该地层弱胶结软岩主要为泥质胶结,具有强度低、胶结性差、遇水强扰动敏感性和强流变特性等特点;加之弱胶结软岩成岩时间晚、压实效果差、孔隙率高、遇水后胶结物质软化,采用注浆加固围岩进行支护的效果并不理想。特别是在开采扰动和水环境等作用下,弱胶结地层中巷道围岩的承载能力较低、自稳时间短、塑性区范围大,导致锚杆、锚索等主动支护方式失效,易出现顶板垮落、底板起鼓和流变大变形等工程灾害。在新疆伊犁一矿和内蒙古上海庙矿、高家梁矿、红庆梁矿等西部地区弱胶结软岩矿山的建设和生产过程中,巷道底鼓和两帮变形十分突出,部分巷道最大变形速率高达 100 mm/d,单月累计变形量甚至超过 900 mm,支护结构受损严重,巷道返修率高达 70% 以上,严重影响煤炭资源的安全高效开采和经济效益。

地下工程巷道掘进或工作面回采施工引起的围岩应力调整不仅包括岩体应力大小的改变,还包括应力主轴方向的旋转。开挖扰动下弱胶结软岩强度劣化和裂隙扩展是应力大小和方向共同作用的结果。目前,受试验条件和传统岩体力学理论的限制,国内外学者关于软岩力学行为和损伤破坏过程的研究主要集中于应力大小对岩体力学性能的影响,而忽略了应力方向改变对岩体力学性能劣化和变形破坏模式的影响。大量室内试验和岩体裂隙扩展数值模拟结果表明,应力主轴方向的旋转会改变岩体裂隙扩展方向和密度。这种改变将加剧围岩强度劣化、裂纹扩展和塑性变形,进而引发巷道变形失稳等工程灾害。因此,正确认识开挖扰动引起的主应力轴偏转时弱胶结软岩强度劣化和流变变形机制,是提高弱胶结软岩地层矿山建设能力、工程设计能力和灾害防治水平的亟待开展的基础工作,具有重要的科学意义和工程应用价值。

本书针对西部地区典型弱胶结软岩矿山工程建设问题,采用室内试验、理论分析、数值模拟和理论模型计算等方法,研究弱胶结软岩物理、水理特性和不同开挖扰动应力状态下弱胶结软岩的强度和变形特性以及巷道长期流变特性，并结合红庆梁矿软岩巷道工程，研究了弱胶结软岩巷道支护技术。本书主要内容包括：第 1 章为弱胶结软岩的基本物理、水理特性；第 2 章为常规三轴条件下弱胶结软岩强度及变形特性；第 3 章为岩土材料分数阶蠕变本构理论；第 4 章为弱胶结软岩蠕变特性试验研究；第 5 章为考虑主应力轴旋转的弱胶结软岩力学特性研究；第 6 章为弱胶结软岩巷道非对称耦合支护技术研究。

在撰写本书过程中，中国矿业大学靖洪文教授、中国矿业大学（北京）左建平教授、华侨大学俞缙教授、辽宁工程技术大学王来贵教授和张向东教授等提供了指导与支持；鄂尔多斯市昊华红庆梁矿业有限公司张兴文教授级高工、彭伟工程师、李军博士等提供了宝贵的现场资料；研究生张雪峰、朱开新、任钰、生彦涛、孙凯洋、王洋等做了大量的试验工作，在此向他们表示感谢。同时，本书的出版得到了国家自然科学基金项目（52104088）以及深部岩土力学与地下工程国家重点实验室开放基金项目（SKLGDUEK1914）的资助，在此一并表示感谢。

本书由刘家顺、勾煜共同撰写，具体分工为：6.4 节和 6.5 节由勾煜撰写，其余由刘家顺撰写。

限于作者水平，错误和不足之处在所难免，欢迎读者批评指正。

作　者

2022 年 1 月

目　　录

0 绪 论

软岩是指工程性质明显区别于硬质岩体和软弱土体的岩土介质,饱水前后的孔隙率相差十多倍。另外,当软岩间隙被水充满时会发生变形,而该变形受到约束时,会在岩石内部产生膨胀应力,软岩的形变会随着约束力的大小变化而变化,这对工程结构是极为不利的。西部地区煤系地层岩石主要包括:页岩、泥岩、砂岩和粉砂岩等地质软岩或由上述岩石交错组成。其标准岩块试件单轴抗压强度小于 15 MPa,深部高应力作用下软岩将发生显著的塑性变形和流变,导致顶板破裂、两帮变形和底板泥化、鼓起等,对矿井资源的开采提出了严峻的挑战。

在我国西部地区矿井建设过程中常遭遇侏罗系和白垩系软岩地层,该类地层岩石具有强度低、胶结性差、遇水易崩解泥化等缺点,特别是矿井井筒、大硐室群和运输辅助巷道等工程,因为较高的服务年限和服务水平,在长期外荷载作用下易产生流变变形。目前在各类岩体工程中诸如土石坝基础,边坡软弱岩体和隧道、巷道、地铁车站等地下硐室工程围岩中应力、应变是随着时间不断变化的,表现出显著的流变特性[7]。岩土材料的流变特性将直接影响地下结构自身及其周围环境的长期安全和稳定性。据相关统计资料,70%以上的长期服务的井下巷道、硐室、井筒等结构均产生显著的流变特性,特别是西部地区,弱胶结软岩地层岩体的显著流变性导致其变形、开裂,严重降低其服务年限和服务水平。在 2000—2016 年矿井建设和生产过程中软岩流变变形所造成的巷道修补、支护失效、硐室返修、井壁破裂等经济损失高达上千亿元。

因此,在研究弱胶结软岩的基本工程特性基础上,开展弱胶结软岩单轴(三轴)压缩试验以及卸载和加载条件下弱胶结软岩的蠕变试验,研究含水条件、加载条件、应力路径等对弱胶结软岩强度、蠕变变形特性和蠕变变形速率的影响,提出适用于弱胶结软岩的分数阶蠕变本构模型,并采用数值模拟方法开展弱胶结软岩巷道非对称变形支护技术,对指导弱胶结软岩矿井建设工程支护设计、灾害防治和安全生产具有重要的工程意义,对采矿工程、岩土工程等学科的发展具有重要的科学意义,研究成果在超深矿井巷道支护、地下工程优化设计、地下岩体加固等工程中具有广泛的应用前景。

1 弱胶结软岩的基本物理、水理特性

红庆梁井田位于内蒙古自治区鄂尔多斯市达拉特旗境内,井田南北长约 16.15 km,东西宽约 8.8 km,面积约 142.1 km²。矿井初步设计由中煤科工集团北京华宇工程有限公司完成,设计生产能力为 6.0 Mt/a。工业场地内布置有主斜井、副立井和回风立井井筒。根据地下水的赋存条件、水力特征及含水层的纵向分布结构,井检场地地下水划分为 3 层:白垩系孔隙裂隙潜水层、侏罗系碎屑岩类潜水层和承压水层。

在掘进工作面进行了现场取样,并运回实验室进行砂岩试件的单轴抗压强度试验、三轴剪切试验等,测定了岩石的密度 ρ、含水率 w、单轴抗压(拉)强度 $\sigma_c(\sigma_t)$、黏聚力(C)、内摩擦角(φ)、弹性模量(E)、剪切模量(G)和泊松比(μ)等参数,为支护方案的优化设计和数值模拟等提供了有效参数。现场取回岩样如图 1-1 和图 1-2 所示。

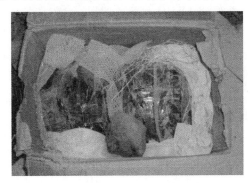

图 1-1 包装好的试件

图 1-2 运至实验室的试件

1.1 密度和含水率

岩石的密度是指单位体积岩石的质量。岩石的天然密度是指岩石处于天然含水率时质量与体积的比值。

通过式(1-1)计算岩石的重度。

$$\gamma = \frac{mg}{V} \tag{1-1}$$

式中　m——天然含水岩石的质量,kg;

　　　γ——岩石的天然重度,kN/m³;

　　　V——岩石的体积,m³。

试验记录见表 1-1。

表 1-1　岩石密度测定记录表

试件编号	岩石名称	试件尺寸/mm			试件质量	试件重度	平均重度
		长	宽	高	m/g	$\bar{\gamma}/(\mathrm{kN/m^3})$	$\gamma/(\mathrm{kN/m^3})$
S1	软岩	23.70	23.98	23.82	33.84	22.77	
S2	软岩	24.30	24.10	23.40	34.83	23.39	22.83
S3	软岩	24.06	24.25	23.96	34.54	21.86	

土样的天然含水率按式(1-2)计算。

$$w = \frac{m_{\mathrm{s}} - m_{\mathrm{d}}}{m_{\mathrm{d}}} \times 100\% \tag{1-2}$$

式中　m_{s}——湿土质量,g;

　　　m_{d}——干土质量,g。

含水率试验如图 1-3 和图 1-4 所示,试验结果见表 1-2。

图 1-3　烘干前的试样　　　　　　　　　图 1-4　恒温烘箱

表 1-2　试样含水率试验结果

试样编号	m_1(盒质量)/g	m_2(盒+湿样质量)/g	m_3(盒+土样质量)/g	含水率 $w/\%$
1	11.24	16.85	16.07	16.15
2	21.48	30.46	29.26	14.42
3	21.79	33.67	32.21	13.01
4	13.40	23.14	21.96	14.61
5	11.91	18.81	17.79	17.35
6	13.44	21.18	20.11	18.87

1.2　弱胶结特性

利用偏光镜和高倍显微镜以及扫描电镜给出弱胶结遇水软化软岩组织结构,以及通过 X 射线衍射分析(图 1-5),测得该岩层成分主要为石英、钾长石、斜长石、方解石和黏土矿物,而黏土矿物主要为蒙脱石、绿泥石、高岭石,成分分析见表 1-3。

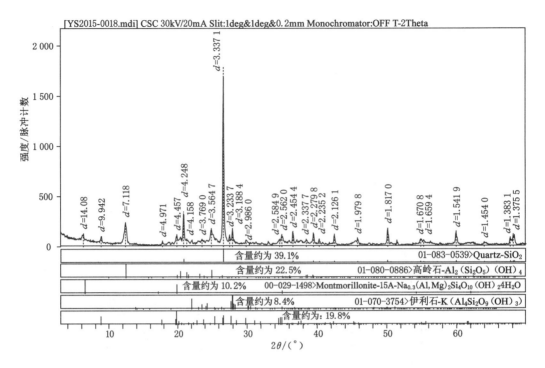

图 1-5　泥岩 X 射线衍射分析结果

表 1-3　X 射线衍射分析岩石矿物成分

样号:泥岩	实验室编号:YS2015-018	产地:内蒙古鄂尔多斯			
仪器名称:X 射线衍射仪	仪器型号:D8	测试条件:1. 电压:40 kV;2. 电流:40 mA;3. 靶型:Cu 靶;4. 起始角:3°;5. 终止角 70°;6. 扫描速度:0.6 s/步;7. 积分时间:0.02 s			
矿物含量	石英	高岭石	蒙脱石	伊利石	钠长石
	39.1%	22.5%	10.2%	19.8%	8.4%

利用扫描电子显微镜(SEM)观测天然状态下砂岩微观结构,如图 1-6 所示。

(a)　　　　　　　　　　　　　(b)

图 1-6　砂岩微观结构

　　蒙脱石、伊利石等亲水性矿物具有较强的吸水性,主要表现为在吸水以后体积膨胀为原体积的数倍,而失水后体积又显著缩小。该岩层遇水会软化成泥状,脱水干燥后硬度又会增大,强度明显提高,这种现象与蒙脱石、伊利石等亲水性矿物在不同含水率情况下产生的变化完全一致,足以证明蒙脱石等亲水性矿物对软岩软化影响很大。根据上述试验结果,蒙脱石等亲水膨胀性矿物在软岩所含矿物中的含量为10.2%,按照表1-4中软岩分级标准,该软岩属于中膨胀性软岩。

表 1-4　膨胀性软岩分级表

膨胀性软岩	蒙脱石含量/%	干燥饱和吸水率/%	自由膨胀变形量/%
弱膨胀性软岩	<10	<10	<10
中膨胀性软岩	10~30	10~50	10~15
强膨胀性软岩	>30	>50	>15

　　通过对扫描电子显微镜下砂岩微观结构和衍射成分分析,可以较好地解释砂岩软化机理:黏土矿物将砂岩中的石英、方解石、长石黏结在一起,形成颗粒。通过扫描图片可以看出这些颗粒多为鳞状薄片,结构疏松,颗粒间有较大孔隙。形成了面与面接触或点与面接触的散状结构。浸水试验的原理就是破坏其原有微观结构,而作为黏土矿物成分中的蒙脱石、伊利石、高岭石等亲水性矿物,在浸水后造成的破坏尤其显著,特别是亲水性最强的蒙脱石。黏土矿物的亲水性使得岩样中的较大孔隙被水填充,孔隙被水填充以后发生膨胀,进而引发鳞状薄片崩解剥落,在孔隙遇水膨胀产生的力和外力的双重作用下这种现象周而复始,从而导致砂岩宏观上表现出软化、泥化现象。

　　软岩是指具有特殊工程地质特征和物理力学性质的岩体。它具有强度低,强度衰减快,遇水软化、崩解、泥化,有明显的膨胀性、蠕变性等特点。受外界条件和自身性质影响,软岩强度特性、泥质含量、结构面特点及其塑性变形力学特点有很大差异。根据特性和软岩变形机理,软岩可分为四大类——低强度软岩(膨胀性软岩)、高应力软岩、节理化软岩和复合型软岩。软岩工程分类与分级总表见表1-5。

表 1-5　软岩工程分类与分级总表

软岩分类	分类指标			软岩分级	分级指标		
	抗压强度/MPa	泥质含量	结构面				
膨胀性软岩	<25	>28.36%	少		蒙脱石含量	干燥饱和吸水率	自由膨胀变形量
				弱膨胀软岩	<10%	<10%	>18.36%
				中膨胀软岩	10%~30%	10%~50%	10%~18.36%
				强膨胀软岩	>30%	>50%	<10%
高应力软岩	≥25	≤28.36%	少		工程岩体应力水平/MPa		
				高应力软岩	25~50		
				超高应力软岩	50~75		
				极高应力软岩	>75		

表 1-5(续)

软岩分类	分类指标			软岩分级	分级指标		
	抗压强度/MPa	泥质含量	结构面				
节理化软岩	低～中	少含	多组		节理数/(条/m²)	节理间距/m	完整性指标 k
				较破碎软岩	0～15	0.2～0.4	0.35～0.55
				破碎软岩	15～30	0.1～0.2	0.15～0.35
				极破碎软岩	＞30	＜0.1	＜0.15
复合型软岩	低～高	含	少～多组	根据具体条件进行分类和分级			

结合 1.1 和 1.2 节的测试结果,可知红庆梁煤矿软岩蒙脱石含量为 17.1%,属于中等膨胀性软岩;岩体软化系数 $\eta=0.18\sim0.44$,属于软弱类岩石。结合前期工程地质勘察资料和现场揭露实际情况,软岩节理裂隙发育,节理间距为 $0.1\sim0.2$ m,属于破碎软岩。

1.3 膨胀性测试

1.3.1 仪器设备

膨胀性测试所需仪器包括:钻石机、切石机、磨石机、测量平台和膨胀试验仪[膨胀率仪、膨胀压力试验仪(图 1-7)]。

图 1-7 膨胀压力试验仪

1.3.2 试验成果整理

(1)分别按下列公式计算岩石自由膨胀率、膨胀率和膨胀压力。

$$V_h = \frac{\Delta h}{h} \times 100 \qquad (1\text{-}3)$$

$$V_d = \frac{\Delta d}{d} \times 100 \qquad (1\text{-}4)$$

$$V_{hp} = \frac{\Delta h_p}{h} \times 100 \qquad (1\text{-}5)$$

$$P_s = \frac{F}{A} \times 100 \qquad (1\text{-}6)$$

式中 V_h——岩石轴向自由膨胀率,%;

V_d——岩石径向自由膨胀率,%;

V_{hp}——岩石侧向约束轴向膨胀率,%;

P_s——岩石膨胀压力,MPa;

Δh——试件轴向变形,mm;

h——试件原高度,mm;

Δd——试件径向变形,mm;

d——试件原直径或边长,mm;

Δh_p——侧向约束试件轴向变形,mm;

F——轴向膨胀力,mm;

A——试件截面面积,mm^2。

图 1-8 为轴向自由膨胀率、侧向自由膨胀率和轴向约束膨胀率随时间的变化曲线。

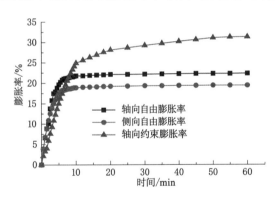

图 1-8 轴(侧)向自由膨胀率和轴向约束膨胀率变化曲线

由图 1-8 可以看出:自由膨胀率与约束膨胀率具有相同的变化趋势,在浸水加载的初始阶段,岩石迅速膨胀,其膨胀速率较高,这主要是因为:岩石与水接触后膨胀性软岩矿物发生膨胀,其表面膨胀率远大于接触后的深部膨胀率,所以导致岩石膨胀率增大速率较大,后期膨胀速率较低。最终轴向自由膨胀率约为 22.36%,径向自由膨胀率约为 19.48%,轴向约束膨胀率约为 31.33%。

图 1-9 为轴向膨胀力随时间的变化曲线。轴向膨胀力与轴向膨胀变形规律相似,在加载的初始阶段,其变化速率较大,后期速率逐渐降低。轴向膨胀力可达 0.4 kN 左右。

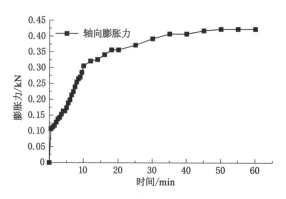

图 1-9　轴向膨胀力随时间的变化曲线

1.4　耐崩解性测试

岩石耐崩解性试验是测定试件经过干燥和浸水两个标准循环后残留的质量与初始质量之比值,以百分数表示。

1.4.1　试验设备

耐崩解性试验设备包括:烘箱及干燥器、天平(称量大于 1 000 g,感量为 0.01 g)和耐崩解性试验仪,如图 1-10 所示。

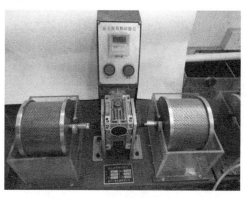

图 1-10　岩石耐崩解性试验装置

1.4.2　试验成果整理

按照式(1-7)计算岩石耐崩解性指数。

$$I_{d2} = \frac{m_r}{m_d} \times 100 \qquad (1-7)$$

式中　I_{d2}——岩石(二次循环)耐崩解性指数,%;

　　　m_d——原试样烘干质量,g;

　　　m_r——残留试样烘干质量,g。

图 1-11 为弱胶结软岩耐崩解性指数曲线。

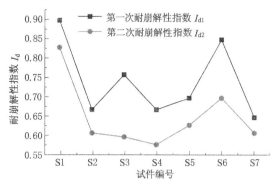

图 1-11　岩石耐崩解性指数曲线

从图 1-11 可以看出:经历 2 次崩解后,其耐崩解性指数有所降低,但降低幅度不大,主要是因为经历一次崩解后其崩解的主要部分已经完成,之后的耐崩解性指数虽然降低但是降低速率较低。同时,经历 2 次崩解后不同弱胶结软岩的耐崩解性指数介于 0.56～0.83,崩解性存在一定的差异,但总体来说遇水软化后弱胶结软岩易产生崩解破碎变形。

1.5　本章小结

本章对取自红庆梁矿主斜井的砂岩试样进行了密度、含水率、膨胀性和崩解性测试,主要结论如下:

(1)密度和含水率试验结果表明:弱胶结软岩试件平均重度 γ 约为 22.83 kN/m³;含水率 w 为 13.01%～18.87%,处于较高的含水状态。

(2)借助偏光镜和高倍显微镜及扫描电镜给出了弱胶结遇水软化软岩结构,并通过 X 射线衍射分析测得该岩层成分。X 射线衍射分析结果表明:红庆梁矿主斜井井筒软岩蒙脱石含量为 10.2%,具有中等膨胀性,且为块状岩体。

(3)红庆梁矿弱胶结软岩轴向自由膨胀率约为 22.36%,径向自由膨胀率约为 19.48%,轴向约束膨胀率约为 31.33%,轴向膨胀力约为 0.4 kN。

(4)耐崩解性测试结果表明:弱胶结软岩在经历 2 次耐崩解性测试之后,其耐崩解性指数介于 0.56～0.83,不同试件之间存在一定差异。总体来说,遇水软化后弱胶结软岩耐崩解性指数较低,易产生崩解破碎变形。

2　常规三轴条件下弱胶结软岩强度及变形特性

2.1　单轴条件下弱胶结软岩抗压强度

2.1.1　试验设备

岩石单轴压缩试验采用长春朝阳试验设备厂生产的 TAW-2000 型岩石三轴试验机(图 2-1),该试验机可进行岩石单轴压缩试验、三轴剪切试验、变角剪切试验、直接剪切试验以及相应的三轴蠕变试验和剪切蠕变试验。试验机具有轴压、围岩、孔隙水压和高温独立闭环控制系统,结构刚度大于 10 GN/m,轴压为 2 000 kN,围压为 60 MPa,孔隙水压为 30 MPa,温度为 0~100 ℃,试件直径为 50 mm 和 100 mm,最小采样时间间隔为 0.1 s。变形速率为 0.01~1 mm/min,加载速率为 0.1~100 kN/min,围压加、卸载速率为 0.01~5 MPa/min。主机尺寸约为:3 750 mm(长)×850 mm(宽)×2 500 mm(高),质量约为 3.5 t。

单轴试件和三轴试件如图 2-2 所示。

图 2-1　TAW-2000 型岩石三轴试验机　　　图 2-2　单轴试件和三轴试件

2.1.2　试验方案

加载速率和含水率是影响弱胶结软岩单轴抗压强度的主要因素,因此单轴条件下弱胶结软岩抗压强度试验主要研究不同试验条件下弱胶结软岩单轴抗压强度的变化规律,分析并得到岩石单轴抗压强度与加载速率、含水率等外部条件的关系。本书试验设计单轴抗压强度试验方案见表 2-1。

表 2-1　单轴抗压强度试验方案

试验控制条件	控制数值				
加载速率 v/(mm/min)	0.01	0.02	0.03	0.04	0.05
含水率 w/%	0	5.0	10.0	15.0	18.8

2.1.3　试验步骤

（1）利用 YZS-50 钻孔取样机钻取直径 50 mm、长度大于 100 mm 的圆柱形试件。利用 HQP-200 自动岩石切割机对圆柱形试件进行切割,制备长度略大于 100 mm 的圆柱形试件,之后利用 SHM-200 型双端面磨石机对岩石试件两端磨平,制备直径 $D=150$ mm,$h=100$ mm 的三轴试样 45 组。

（2）将加载垫块安装在加载底座上,至与加载顶帽有 150～200 mm 的距离时安装试件。

（3）启动电气控制柜和控制软件,连接 EDC1,刷新,全选,单击连接。

（4）点击伺服准备信号 1,启动控制柜主油泵,主油箱加压至 10 MPa。

（5）打开软件界面,点击上升箭头,速度要慢,当试件顶端与加载顶帽刚接触时停止上升。设定位移目标值或压力目标值,当两者之一达到目标值则上升过程停止。

（6）将位移清零。设置位移或压力目标,设定轴向变形速率为 0.021 5 mm/min,目标值为 5 mm,开始记录试验结果曲线。

2.1.4　试验结果分析

（1）加载速率对岩石单轴抗压强度的影响

图 2-3 为加载速率分别为 0.01 mm/min、0.02 mm/min、0.03 mm/min、0.04 mm/min 和 0.05 mm/min 时对应的偏应力与轴向位移关系曲线。

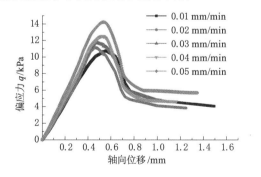

图 2-3　不同加载速率时偏应力-轴向位移关系曲线

从图 2-3 可以看出:不同加载速率时,弱胶结软岩的单轴抗压强度曲线表现出较好的一致性,即初始加载阶段(轴向位移<0.05 mm),弱胶结软岩中原生的孔隙被压缩变小,应力增长被孔隙分担一部分,此时应力随着变形的增长相对缓慢。之后随着轴向位移的增大(0.05 mm≤轴向位移<0.2 mm),试件应力-变形关系曲线呈线弹性变化,符合广义胡克定律,试件进入线弹性阶段,应力-变形呈直线形增长。随着变形的进一步增大(0.2 mm≤轴

向位移＜0.4 mm),试件应力-变形关系曲线呈非线弹性变化,试件进入屈服阶段,此时试件变形包括弹性变形和塑性变形两个部分,或者可以成为弹塑性混合变形,直至应力达到峰值。之后随着变形的增大,应力迅速降低,最终由于应力导致的弱胶结软弱岩体裂隙周边的应力集中超过弱胶结软弱岩体的启裂应力,岩体内部微裂隙不断形成、扩展甚至贯通,最终导致试件破坏,该阶段试件应力迅速下降。最后破裂的弱胶结软弱岩体保持一定的残余强度而得以稳定。不同加载条件下残余强度仅为峰值强度的33.2%～40.1%。

从图 2-4 可以看出:加载速率对峰值强度具有较大的影响,加载速率为 0.01 mm/min、0.02 mm/min、0.03 mm/min、0.04 mm/min 和 0.05 mm/min 时对应的峰值强度分别为10.765 MPa、11.184 MPa、11.765 MPa、12.53 MPa 和 13.242 MPa。其中加载速率提高 5倍后,弱胶结软岩峰值强度提高 32.3%,峰值强度与加载速率呈指数函数关系[式(2-1)],说明加载速率对峰值强度有着重要的影响。

$$\sigma = 0.266\,5e^{v/0.018\,72} + 10.36 \quad (R^2 = 0.994\,7) \tag{2-1}$$

式中　σ——峰值强度,MPa;

　　　v——加载速率,mm/min。

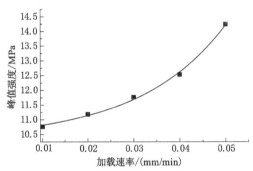

图 2-4　加载速率与峰值强度的关系曲线

从图 2-4 可以看出:加载速率不但影响峰值强度的大小,而且还影响峰值强度发生的时间,加载速率越快,峰值强度出现的时间越早。不同加载速率时峰值强度对应的轴向变形见表 2-2 和图 2-5。

表 2-2　加载速率、峰值变形和峰值强度

加载速率 v/(mm/min)	峰值变形/mm	峰值强度/MPa
0.01	0.557	10.765
0.02	0.532	11.020
0.03	0.471	11.765
0.04	0.483	12.240
0.05	0.483	13.242

(2)含水率对岩石单轴抗压强度的影响

图 2-6 为不同含水率的弱胶结软岩试件偏应力-轴向位移关系曲线。

从图 2-6 可以看出:不同含水率的弱胶结软岩试件偏应力-轴向位移关系曲线具有相似

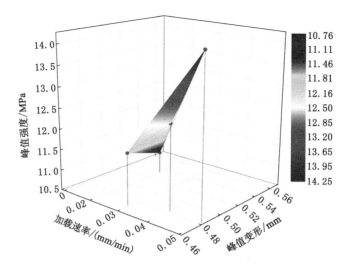

图 2-5　加载速率与峰值变形和峰值强度关系图

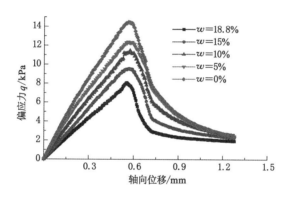

图 2-6　不同含水率的弱胶结软岩试件偏应力-轴向位移关系曲线

的特征,即试件都经历了压密阶段、线弹性阶段、弹塑性阶段后达到峰值强度,之后强度急剧下降,保持一定的残余强度。含水条件对弱胶结软岩单轴抗压强度具有较大的影响,含水率越大,峰值强度越低。但含水率对弱胶结软岩残余强度几乎没有影响,对于本书试验,不同含水条件时弱胶结软岩试件的残余强度为 1.92～2.43 MPa。

不同含水条件时弱胶结软岩试件峰值强度如图 2-7 所示。

从图 2-7 可以看出:随着含水率的增大,峰值强度降低,这是因为随着含水率增大岩石孔隙中水膜增加,一方面水与岩石中的矿物成分发生反应,岩体出现膨胀和崩解,一定程度上降低了岩体的原生结构强度;另一方面弱胶结软岩孔隙中水膜增厚,增强了颗粒之间的润滑作用,减弱了岩体颗粒之间的摩擦作用,导致岩体材料强度降低。以上两个方面的作用导致随着含水率的增大弱胶结软岩试件强度明显降低。

含水率与峰值强度呈式(2-2)所对应函数关系式。

$$\sigma = 12.83 - 0.020\ 2w^{1.86} \tag{2-2}$$

式中　σ——峰值强度,MPa;

　　　w——含水率,%。

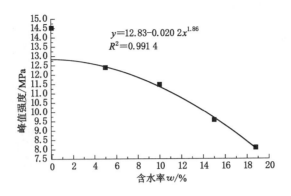

图 2-7　弱胶结软岩试件含水率与峰值强度关系曲线

（3）软化系数变化规律

岩石软化系数是指岩石饱和条件下的极限抗压强度与干燥状态下的极限抗压强度的比值，是岩体质量评价和强度理论计算的重要指标，按式（2-3）计算。

$$\eta = \frac{\overline{R}_s}{\overline{R}_d} \tag{2-3}$$

式中　η——软化系数；

　　　$\overline{R}_s$——岩体材料在饱水状态下的极限抗压强度，MPa；

　　　$\overline{R}_d$——岩体材料在干燥状态下的极限抗压强度，MPa。

但是上述软化系数的定义是岩石在饱水状态下的强度与干燥状态下强度的比值，而实际工程中岩石不一定处于饱水状态，即工程中的岩体不一定都处于最不利强度状态。因此，本书进行了不同含水率条件下弱胶结软岩的单轴抗压强度测试，获得了所取弱胶结软岩试件的单轴抗压强度和不同含水率对应的软化系数，见表 2-3。

表 2-3　含水率与软化系数

含水率 w/%	第 1 组		第 2 组		第 3 组	
	单轴抗压强度 /MPa	软化系数	单轴抗压强度 /MPa	软化系数	单轴抗压强度 /MPa	软化系数
0	13.519	1.000	13.501	1.000	13.590	1.000
5	12.387	0.853	11.826	0.816	11.255	0.771
10	11.474	0.790	10.715	0.739	9.954	0.682
15	9.570	0.659	9.050	0.624	9.013	0.618
18.8（饱和状态）	8.090	0.557	7.761	0.535	7.125	0.488

将表 2-3 中的数据绘制、整理得到图 2-8 所示含水率与软化系数的关系曲线。

从图 2-8 可以看出：随着含水率的增大，岩石软化系数降低且含水率较低时软化系数下降较为明显。表 2-4 为水对岩石强度影响程度评价表。

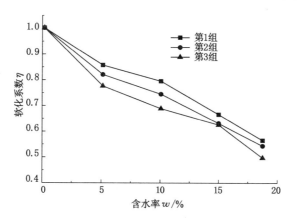

图 2-8 含水率与软化系数的关系曲线

表 2-4 水对岩石强度影响程度评价表

软化系数 η	水的影响程度评价
<0.40	岩石强度受水影响最严重
0.40～0.65	岩石强度受水影响严重
0.65～0.80	岩石强度受水影响中等
0.80～0.95	岩石强度受水影响较小
>0.95	岩石强度不受水影响

由表 2-4 可知：当岩石含水率 $w=8.36\%$ 时，软化系数 η 介于 0.75～0.85 之间，岩体强度受水影响较小。当含水率 $w>18.8\%$ 时，软化系数 $\eta<0.65$，水对岩石强度具有非常显著的影响。

2.2 三轴条件下弱胶结软岩力学性能

2.2.1 试验方案

三轴试验所用试件和制备方法与单轴压缩试验相同。三轴试验也考虑含水条件对弱胶结软岩的软化作用，而不考虑加载速率对弱胶结软岩强度的影响。结合工程实际条件，按式（2-4）计算结果选取试验围压。

$$P_0 = 0.013H \tag{2-4}$$

式中 P_0——水平地应力，MPa；

H——巷道埋深，m。

根据红庆梁煤矿井筒钻孔揭露资料，井筒穿越地层依次为：侏罗系中侏罗统延安组（J_2y）、侏罗系中侏罗统直罗组（J_2z）、侏罗系中侏罗统安定组（J_2a）、白垩系下白垩统志丹群（K_1zh）和第四系（Q）。其中侏罗系中侏罗统安定组（J_2a）和白垩系下白垩统志丹群（K_1zh）为弱胶结软岩主要分布范围，其埋深为地表以下 121.5～481.5 m，据此计算得到

水平应力为 $1.6215 \sim 6.3015$ MPa，因此本试验围压选取 2 MPa、4 MPa、6 MPa 和 8 MPa4 组，加载方式为控制应力加载速率保持在 0.015 MPa/s。弱胶结软岩三轴压缩试验方案见表 2-5。

表 2-5　三轴压缩试验方案

试验方案	含水率 $w/\%$	围压 σ_{3c}/MPa
S1-S4	0	2,4,6,8
S5-S8	5	2,4,6,8
S9-S12	10	2,4,6,8
S13-S16	15	2,4,6,8
S17-S20	18.8(饱和状态)	2,4,6,8

2.2.2　试验步骤

（1）连接螺栓拧在压力室上部，用升降手柄下移导杆，用销钉连接压力室和导杆。

（2）将压力室护环抬起，三片卡环外移，将护环落在卡环上。

（3）提升压力室（由升降手柄控制）至可安装试件高度。

（4）安装试件，连接传感器。

（5）下放压力室，恢复卡环和护环，拆销钉和连接螺栓。

（6）用软件中的位移控制，上升压力室与上部接触（速度要慢，最好用位移转换控制）。在软件中打开两个控制下拉菜单中的第二行，分别连接 EDC1 和 EDC2。

（7）拆卸试件：先卸载，主控柜充油泵回油。

2.2.3　应力-应变关系曲线

图 2-9 至图 2-12 分别为不同含水率时弱胶结软岩三轴压缩试验结果。其中图 2-9 为饱和含水（$w=18.8\%$）时弱胶结软岩三轴压缩试验偏应力-应变关系曲线；图 2-10 为含水率 $w=15\%$ 时弱胶结软岩三轴压缩试验偏应力-应变关系曲线，图 2-11 为含水率 $w=10\%$ 时弱胶结软岩三轴压缩试验偏应力-应变关系曲线；图 2-12 为干燥状态下（含水率 $w=0\%$）弱胶结软岩三轴压缩试验偏应力-应变关系曲线。图中 3 条曲线分别为轴向应变-应力关系曲线、径向应变-应力关系曲线和体应变-应力关系曲线。偏应力 $q_1 = \sigma_1 - \sigma_3$。

由图 2-9 至图 2-12 可以看出：不同围压条件下轴向应变-应力关系曲线、径向应变-应力关系曲线和体应变-应力关系曲线变化规律几乎相同。在等速率应力加载条件下轴向应变-应力关系曲线与单轴曲线形式相同，即整个压缩过程中经历压密阶段、弹性阶段、弹塑性阶段之后达到应力峰值，之后试件破坏且具有一定的残余强度。不同围压条件下出现峰值的轴向应变略有不同，总体上围压越大，试件出现应力峰值对应的轴向应变越小。

由于采用了轴向等应力加载方式，试件轴向应变始终为正值，即发生了轴向压缩变形。轴向压缩时，试件的径向产生了膨胀变形，对应于轴向发生压缩变形的初始阶段，试件径向变形较小，这主要是由于压缩过程中试件内部孔隙被压密，试件体积减小，导致试件产生较

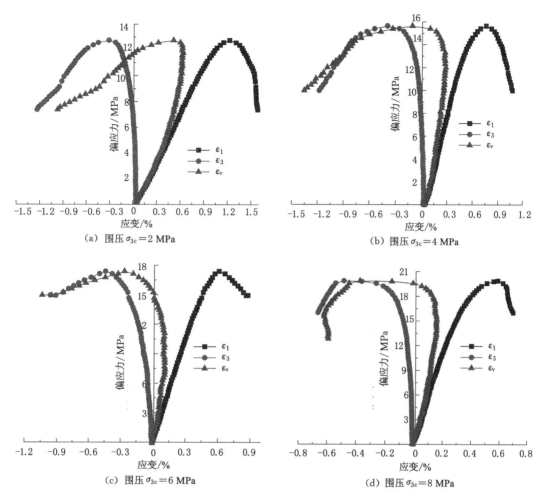

（a）围压 $\sigma_{3c} = 2\,\mathrm{MPa}$　　　　（b）围压 $\sigma_{3c} = 4\,\mathrm{MPa}$

（c）围压 $\sigma_{3c} = 6\,\mathrm{MPa}$　　　　（d）围压 $\sigma_{3c} = 8\,\mathrm{MPa}$

图 2-9　三轴压缩试验偏应力-应变关系曲线（$w = 18.8\%$）

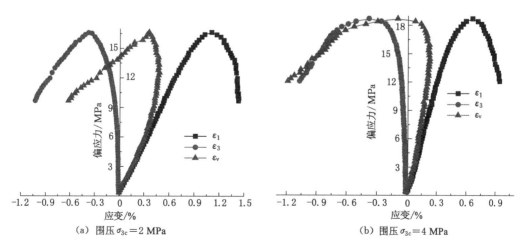

（a）围压 $\sigma_{3c} = 2\,\mathrm{MPa}$　　　　（b）围压 $\sigma_{3c} = 4\,\mathrm{MPa}$

图 2-10　三轴压缩试验偏应力-应变关系曲线（$w = 15\%$）

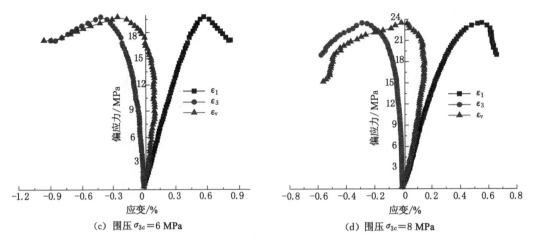

(c) 围压 $\sigma_{3c}=6$ MPa　　　　　(d) 围压 $\sigma_{3c}=8$ MPa

图 2-10（续）

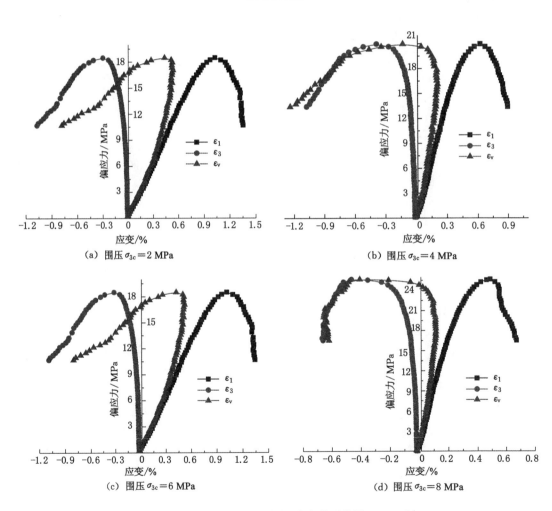

(a) 围压 $\sigma_{3c}=2$ MPa　　　　　(b) 围压 $\sigma_{3c}=4$ MPa

(c) 围压 $\sigma_{3c}=6$ MPa　　　　　(d) 围压 $\sigma_{3c}=8$ MPa

图 2-11　三轴压缩试验偏应力-应变关系曲线（$w=10\%$）

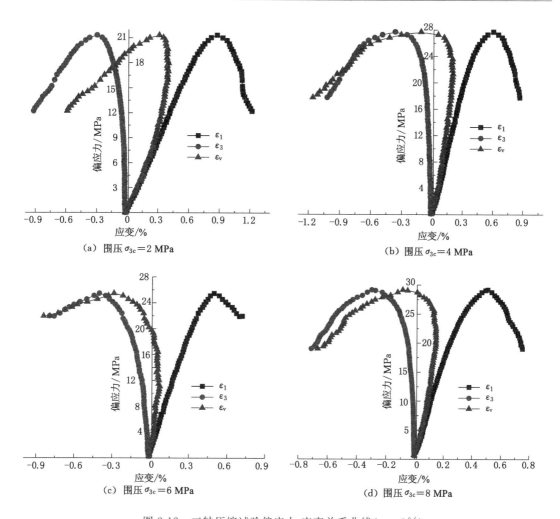

图 2-12　三轴压缩试验偏应力-应变关系曲线($w=0\%$)

大的轴向变形,从而侧向压缩变形相对较小;弹性变形、弹塑性变形之后,试件的径向变形有了一定程度的增大,但此时径向变形仍然相对较小,这主要是因为在轴向加载条件下,试件的侧向变形滞后于轴向变形,试件承受的轴向力大于试件侧向力,试件轴向压缩变形也相应大于试件侧向压缩变形。达到峰值强度后,偏应力急剧下降,试件轴向应变和径向应变迅速增大,试件最终破坏。

根据式(2-5)计算得到体应变,并绘制偏应力-体应变关系曲线,如图 2-9 所示。

$$\varepsilon_v = \varepsilon_1 + 2\varepsilon_3 \tag{2-5}$$

由图 2-9 至图 2-12 可以看出:加载初始阶段,试件主要发生轴向压缩变形,试件体应变表现为正值,即试件发生体缩变形,之后体缩变形逐渐增大,至试件达到弹性变形后期,试件的径向膨胀应变逐渐增大,体应变还是出现减小的情况,至弹塑性变形后期,即将达到峰值强度前后,试件的膨胀变形超越了试件的轴向压缩变形,使得试件膨胀,最终体应变为负值,侧向膨胀变形主要表现为侧向鼓胀变形。

2.2.4 强度特性

为了研究弱胶结软岩的强度特征,获取抗剪强度参数,提取图 2-9 至图 2-12 中偏应力-轴向应变关系曲线中抗剪强度与对应的围压关系数据,见表 2-6。

表 2-6　抗剪强度与围压关系表

围压 σ_{3c}/MPa	抗剪强度/MPa			
	$w=0\%$	$w=10\%$	$w=15\%$	$w=18.8\%$
2	21.139	18.370	16.157	12.926
4	27.544	20.840	18.259	14.818
6	24.466	22.120	19.730	17.503
8	28.670	24.927	23.391	19.867

利用 Excel 程序,基于莫尔-库仑准则绘制弱胶结软岩三轴试验抗剪强度包络线,如图 2-13 所示。

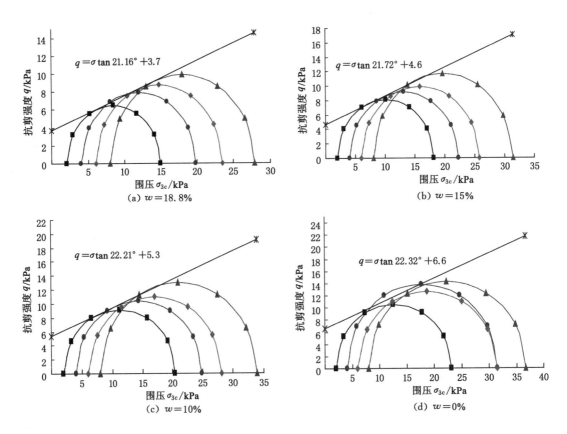

图 2-13　弱胶结软岩抗剪强度包络线

由图 2-13 可以看出：各含水率时的弱胶结软岩抗剪强度均较好地满足了莫尔-库仑准则。为研究含水率对弱胶结软岩抗剪强度的影响，提取图 2-13 中抗剪强度指标数据并绘制抗剪强度指标与含水率的关系曲线，如图 2-14 所示。

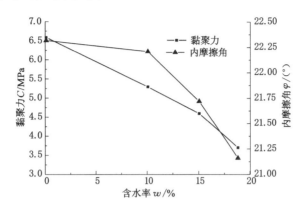

图 2-14 抗剪强度指标 C、φ 与含水率的关系曲线

由图 2-14 可以看出：随着含水率的增大，弱胶结软岩抗剪强度指标黏聚力 C 和内摩擦角 φ 都呈下降趋势，其中黏聚力从干燥状态到含水状态时下降比较显著，而内摩擦角随着含水率逐渐增大下降比较显著。这是由于水的存在，导致弱胶结软岩颗粒膨胀变形，结合水膜增厚，自由水增多，颗粒之间的胶结连接被打破，黏聚力迅速下降，之后随着含水率的增大，自由水虽然增多，但是在经历从无水（干燥状态）到有水过程中，岩体结构已经破坏，但是对岩体结构内部胶结连接的破坏作用减弱，而由于水的润滑作用，此时内摩擦角反而降低比较快，其摩擦结构势被水的润滑作用破坏。

2.3 本章小结

本章利用 TAW-2000 型岩石三轴试验机开展了不同含水率、加载速率条件下弱胶结软岩单轴压缩和三轴压缩试验，研究了含水率和加载速率等对弱胶结软岩应力应变特征和强度特征的影响，主要结论如下：

（1）利用 TAW-2000 型岩石三轴试验机开展了不同含水率和加载速率时弱胶结软岩单轴压缩试验。试验结果表明：不同加载速率和含水率时，弱胶结软岩的单轴抗压强度曲线表现出较好的一致性，试件的变形包括：压密阶段、线弹性阶段、弹塑性阶段后达到峰值强度，之后强度急剧下降，保持一定的残余强度。不同加载速率时残余强度仅为峰值强度的33.2%～40.1%。不同含水率时弱胶结软岩试件的残余强度为 1.92～2.43 MPa。水对弱胶结软岩的岩石强度弱化具有显著影响。

（2）利用 TAW-2000 型岩石三轴试验机开展了不同含水率和加载速率时弱胶结软岩三轴压缩试验。试验结果表明：在等速率应力加载条件下轴向应变-应力关系曲线与单轴曲线形式相同。加载初始阶段试件主要发生轴向压缩变形，至弹性变形后期，试件的径向膨胀应变逐渐增大，体应变减小。峰值强度前后试件的膨胀变形超越了轴向压缩变形使得试件膨胀，试件主要表现出侧向鼓胀变形。

（3）利用 Excel 程序,基于莫尔-库仑准则绘制弱胶结软岩三轴试验抗剪强度包络线。研究结果表明:随着含水率的增大,弱胶结软岩抗剪强度指标黏聚力 C 和内摩擦角 φ 都呈下降趋势,其中黏聚力由干燥状态到含水状态下降比较显著,而内摩擦角随着含水率逐渐增大而显著下降。

3 岩土材料分数阶蠕变本构理论

3.1 分数阶微积分理论

传统的微积分是指整数阶微分或者积分,近些年,由于一些材料复杂的物理力学现象采用整数阶微积分理论已经很难描述,为了准确地描述复杂的物理、力学理论以及岩土材料非线性蠕变特性,研究者不断改进数学理论,拓展传统整数阶微积分理论,引入分形理论的思想,建立分数阶微积分理论,以更好地描述岩土材料的复杂力学性能。分数阶微积分方程越来越多地被人们用来描述光学、蠕变力学及信号处理和控制等领域中复杂的问题。

早在 1695 年霍斯皮特尔(L′Hospital)和莱布尼特(G. W. Leibnit)就开始研究当 $n=1/2$ 时导数的运算方法,但未得到结论。1819 年,拉克鲁瓦(Lacroix)首次得到分数阶求导的值,此后埃布尔(N. H. Abel)、柳维尔(Liouville)、里尔曼(Riemann)和霍姆格伦(Holmgren)等提出了分数阶在复杂力学理论中的应用并给出了简单的分数阶微积分理论解。后来逐渐出现了许多不同的微积分定义,主要包括格伦沃尔德分数阶微积分、里尔曼-柳维尔分数阶微积分、韦尔-马乔分数阶微积分和卡普托分数阶微积分等。但分数阶微积分由于没有明确的物理意义,其发展十分缓慢。直至 1982 年,曼德尔布罗特(B. B. Mandelbrot)提出自然界中存在大量分数维,分数阶微积分作为分形几何和分数维动力学的基础和工具才有了飞速的发展,广泛应用于控制系统、生物组织、高分子材料解链、黏弹性力学和非牛顿流体力学等工程领域。

3.1.1 分数阶微积分的定义

目前关于分数阶微积分的定义有很多。很多人从不同的数学角度定义,产生了不同的分数阶微积分。本书主要介绍应用较为广泛的里尔曼-柳维尔型和卡普托型分数阶微积分算子。根据文献[41],采用 ${}^k_0 D_t^a$ 表示分数阶微分算子,采用 ${}_0 I_t^a$ 表示分数阶积分算子,左上角字母表示采用的分数阶算子类型。当为里尔曼-柳维尔型分数阶微积分算子时,分数阶微分算子和积分算子分别为 ${}^{RL}_0 D_t^a$ 和 ${}^{RL}_0 I_t^a$;当为卡普托型分数阶微积分算子时,分数阶微分算子和积分算子分别为 ${}^C_0 D_t^a$ 和 ${}^C_0 I_t^a$,左下角的"0"表示积分的下限,右下角的"t"表示积分的上限。右上角的"α"表示微积分的阶数。

对于 $\forall \alpha > 0$,分数阶里尔曼-柳维尔积分定义为:

$$_a^{RL} I_t^a f(t) = \frac{1}{\Gamma(\alpha)} \int_a^t \frac{f(\tau)\mathrm{d}\tau}{(\tau-t)^{1-a}} \quad (t>a, \alpha>0) \tag{3-1}$$

式中,$\Gamma(\alpha)$ 为伽马函数,其定义为:

$$\Gamma(\alpha) = \int_0^\infty \mathrm{e}^{-t} t^{\alpha-1} \mathrm{d}t \quad [Re(\alpha)>0] \tag{3-2}$$

当 $\alpha = n$ 时,式(3-2)与整数阶积分定义相同,即

$$_a^{RL}I_t^\alpha f(t) = \int_a^t d\tau_1 \int_a^{\tau_1} d\tau_2 \cdots \int_a^{\tau_{n-1}} f(\tau_n) d\tau_n$$

$$= \frac{1}{(n-1)!} \int_a^t \frac{f(\tau)d\tau}{(t-\tau)^{1-n}} \quad (n \in N) \tag{3-3}$$

对于 $\forall \alpha > 0$,分数阶里尔曼-柳维尔微分定义为:

$$_a^{RL}D_t^\alpha f(t) = \left(\frac{d}{dt}\right)^n I_{a^+}^{n-\alpha} f(t)$$

$$= \frac{1}{\Gamma(\alpha)} \left(\frac{d}{dt}\right)^n \int_a^t \frac{f(\tau)d\tau}{(t-\tau)^{\alpha-n-1}} \quad (n-1 \leqslant \alpha < n, t > a) \tag{3-4}$$

对式(3-4)进一步整理,可以得到:

$$_a^{RL}D_t^\alpha f(t) = \frac{1}{\Gamma(\alpha)} \left(\frac{d}{dt}\right)^n \int_a^t \frac{f(\tau)d\tau}{(t-\tau)^{\alpha-n-1}}$$

$$= \sum_{k=0}^{n-1} \frac{f^{(k)}(0)t^{-\alpha+k}}{\Gamma(k+1-\alpha)} + \frac{1}{\Gamma(n-\alpha)} \int_0^t (t-\tau)^{n-\alpha-1} \int^{(n)}(\tau)d\tau \tag{3-5}$$

当 $0 < \alpha < 1$ 时,分数阶里尔曼-柳维尔微分为:

$$_a^{RL}D_t^\alpha f(t) = \frac{1}{\Gamma(1-\alpha)} \frac{d}{dt} \int_a^t \frac{f(\tau)d\tau}{(t-\tau)^\alpha} \quad (t > \alpha) \tag{3-6}$$

3.1.2 里尔曼-柳维尔分数阶微积分性质

里尔曼-柳维尔分数阶微积分具有如下性质:

(1) 性质 1——线性叠加

$$_a^{RL}D_t^\alpha [\lambda f(t) + \mu g(t)] = \lambda_a^{RL}D_t^\alpha f(t) + \mu_a^{RL}D_t^\alpha g(t) \tag{3-7}$$

(2) 性质 2

$$_a^{RL}D_t^\alpha {}_a^{RL}D_t^\beta f(t) = {}_a^{RL}D_t^{\alpha+\beta} f(t) \tag{3-8}$$

(3) 性质 3——对于连续函数 $f(t)$ 且其导数 $_a^{RL}D_t^{\lambda-\beta}$ 存在,则有:

$$_a^{RL}D_t^\lambda {}_a^{RL}D_t^{-\beta} f(t) = {}_a^{RL}D_t^{\lambda-\beta} f(t) \quad (\lambda > 0, \beta > 0) \tag{3-9}$$

特别是当 $\lambda = \beta$ 时有:

$$_a^{RL}D_t^\lambda {}_a^{RL}D_t^{-\lambda} f(t) = {}_a^{RL}D_t^0 f(t) = f(t) \tag{3-10}$$

(4) 性质 4——遵循莱布尼兹法则

整数阶莱布尼兹法则可表示为:

$$\frac{d^n}{dt^n} [\varphi(t) \cdot f(t)] = \sum_{k=0}^n \binom{n}{k} \varphi^{(k)}(t) f^{(n-k)}(t) \tag{3-11}$$

分数阶微分的莱布尼兹法则,需要假设函数 $f(t)$ 和 $g(t)$ 在 $[a,t]$ 中的各阶导数存在且连续,则其乘积的 p 阶微分为:

$$_a^{RL}D_t^p [\varphi(t) \cdot f(t)] = \sum_{k=0}^n \binom{p}{k} \varphi^{(k)}(t) {}_a^{RL}D_t^{p-k} f(t) \tag{3-12}$$

3.1.3 常用的分数阶微积分解

由于受数学理论的限制,目前仅能对一些简单的函数求解微积分的精确解,一些复杂函

数的微积分解目前尚未得到。

(1) $f(t)=c$(c 为常数)

常数 c 的 β 阶里尔曼-柳维尔分数阶导数为：

$$_{a}^{\mathrm{RL}}D_{t}^{\beta}c = c\frac{(t-a)^{-\beta}}{\Gamma(1-\beta)} \qquad (3\text{-}13)$$

对于单位阶跃函数（希维赛德函数）$H(t)$ 的 β 阶里尔曼-柳维尔分数阶导数为：

$$_{a}^{\mathrm{RL}}D_{t}^{\beta}H(t-a) = \begin{cases} 0 & (t<a) \\ \dfrac{(t-a)^{-\beta}}{\Gamma(1-\beta)} & (t>a) \end{cases} \qquad (3\text{-}14)$$

(2) $f(t)=ct$(c 为常数)

对于线性函数 $f(t)=ct$ 的 β 阶里尔曼-柳维尔分数阶导数为：

$$\frac{\mathrm{d}^{\beta}f(t)}{\mathrm{d}t^{\beta}} = \frac{c}{\Gamma(2-\beta)}t^{1-\beta} \qquad (0\leqslant\beta\leqslant 1) \qquad (3\text{-}15)$$

(3) $f(t)=(t-\alpha)^{v}$

对于 $f(t)=(t-\alpha)^{v}$ 的 β 阶里尔曼-柳维尔分数阶积分为：

$$_{0}^{\mathrm{RL}}I_{t}^{\beta}(t-a)^{v} = \frac{1}{\Gamma(\beta)}\int_{a}^{t}(t-\tau)^{\beta-1}(\tau-a)^{v}\mathrm{d}\tau \qquad (3\text{-}16)$$

当 $v>-1$ 时，式(3-16)积分收敛。

设 $\tau=a+\xi(t-a)$，则有：

$$\begin{aligned} _{0}^{\mathrm{RL}}I_{t}^{\beta}(t-a)v &= \frac{1}{\Gamma(\beta)}(t-a)^{B+\beta}\int_{0}^{1}(1-\xi)^{\beta-1}\xi^{v}\mathrm{d}\xi \\ &= \frac{1}{\Gamma(\beta)}B(\beta,v+1)(t-a)^{v+\beta} \\ &= \frac{\Gamma(v+1)}{\Gamma(\beta+v+1)}(t-a)^{v+\beta} \end{aligned} \qquad (3\text{-}17)$$

假设 $0\leqslant m\leqslant\beta\leqslant m+1$，则对于 $f(t)=(t-\alpha)^{v}$ 的 β 阶里尔曼-柳维尔分数阶微分为：

$$\begin{aligned} _{0}^{\mathrm{RL}}D_{t}^{\beta}(t-a)v &= \frac{1}{\Gamma(-\beta+m+1)}\frac{d^{m+1}}{dt^{m+1}}\int_{a}^{t}(t-\tau)^{m-\beta}(\tau-a)^{v}\mathrm{d}\tau \\ &= \frac{\Gamma(v+1)}{\Gamma(v+1-\beta)}(t-a)^{v-\beta} \end{aligned} \qquad (3\text{-}18)$$

3.2 岩土材料流变本构理论

3.2.1 岩土材料的流变特性

岩体变形主要包括弹性变形、弹塑性变形、弹黏塑性变形等，其应力、应变随时间改变，表现出显著的蠕变、应力松弛和弹性后效等流变现象。产生流变的主要原因是一般岩土材料颗粒之间通过结合水膜进行接触，外力作用下其变形缓慢，与时间有关；另外，孔隙水与岩体或土体颗粒之间存在一定的摩擦力，使得外力作用导致的孔隙水压力消散过程比较缓慢，也是与时间有关的。因此岩土材料的变形应与应力水平和时间有关，即岩土材料具有流变特性。

（1）蠕变——当岩土体材料所受外力大小为恒定值时，岩土体变形随时间增大而逐渐改变，主要表现为变形增长。根据蠕变速率的变化情况，可将蠕变过程分为三个阶段，即初始减速蠕变阶段（又称为衰减蠕变阶段）、恒速蠕变阶段和加速蠕变阶段。根据蠕变曲线的形式可将蠕变分为稳定蠕变和不稳定蠕变，其中稳定蠕变又可以分为定常稳定蠕变和非定常稳定蠕变。根据荷载作用方式可分为压缩蠕变和剪切蠕变两类。

（2）应力松弛——当岩土材料在应变保持为定值时，应力随时间持续减小。

（3）长期强度——岩土材料在长期荷载作用下，强度随时间有一定程度的降低，之后保持恒定。目前测定长期强度的方法主要包括过渡蠕变法和等时曲线法两种。

（4）弹性后效——经历一定的蠕变变形后，对岩土材料突然卸载时弹性应变滞后于应力。

3.2.2 流变模型基本理论

岩土材料流变模型主要用以表示岩土材料应力、应变、时间关系而建立的一系列数学模型，其建立方法主要包括数学拟合经验公式法和元件组合模型法两种。图 3-1 为岩土材料典型蠕变试验曲线。

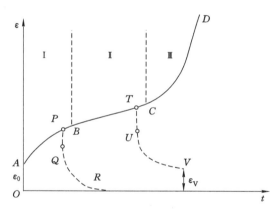

图 3-1　岩土材料典型蠕变曲线

由图 3-1 可知：岩土材料典型蠕变曲线包括 4 个阶段（稳定性蠕变无第四阶段）。

（1）瞬时弹性变形阶段 OA

$$\varepsilon_0 = \frac{\sigma_0}{E} \tag{3-19}$$

（2）减速蠕变阶段 AB

减速蠕变阶段应变逐渐增大，应力速率逐渐减小，满足式（3-20）。

$$\frac{d^2\varepsilon}{dt^2} < 0 \tag{3-20}$$

此时卸载，一部分应变瞬时恢复（PQ 段），另一部分应变随时间逐渐恢复（QR 段），对应的此阶段为黏弹性变形。

（3）等速蠕变阶段 BC

等速蠕变阶段应变逐渐增大，应变速率保持恒定，满足式（3-21）。

$$\frac{d^2\varepsilon}{dt^2} = 0 \tag{3-21}$$

此时卸载,一部分应变瞬时恢复(TU),一部分应变随时间逐渐恢复(UV),还有一部分应变不能恢复,此阶段产生黏弹塑性变形 ε_v。

（4）加速蠕变阶段 CD

加速蠕变阶段,应变速率迅速增大,直至破坏。

$$\frac{d^2\varepsilon}{dt^2} > 0 \tag{3-22}$$

由图 3-1 可知:岩土材料典型蠕变曲线应变应包括:

$$\varepsilon(t) = \varepsilon_0 + \varepsilon_1(t) + \varepsilon_2(t) + \varepsilon_3(t) \tag{3-23}$$

式中　$\varepsilon(t)$——总蠕变应变,%;

　　　ε_0——瞬时应变,%;

　　　$\varepsilon_1(t)$——衰减蠕变应变,%;

　　　$\varepsilon_2(t)$——等速蠕变应变,%;

　　　$\varepsilon_3(t)$——加速蠕变应变,%。

建立弱胶结软岩本构模型的主要方法包括:

（1）经验公式法

经验公式法主要通过岩土材料蠕变试验数据,采用数学方法进行回归拟合来建立经验蠕变方程。常用的蠕变数学经验公式包括幂函数、对数函数、指数函数以及二者的组合函数方程。

（2）积分（微分）模型

积分模型适用于当岩土材料所受外力并非常数的情况下,采用积分（微分）形式表示岩体或者土体应力、应变、时间的数学关系的方程。

（3）元件组合模型

组合模型主要将岩土体的应力、应变与时间的关系抽象成弹簧、阻尼器和摩擦块等一系列简单元件,并将各元件经串联和并联等复杂组合后模拟岩土材料的流变特性而建立的本构方程。

上述三种本构模型建立方法中,因元件组合模型具有明确的物理意义而被广泛采用。

3.2.3　流变模型基本元件

岩土流变力学认为所有岩土材料的流变模型均可以由弹性体元件（胡克体,简称 H 体）、黏性体元件（牛顿体,简称 N 体）和塑性体元件（简称 C 体）3 种元件串联或并联组成。

（1）胡克体弹性体元件

弹性体元件,简称 H 体,用弹簧表示,如图 3-2(a)所示,用于模拟岩土材料流变行为中的弹性特征,其应力-应变关系符合胡克定律,即其本构关系式为:

$$\varepsilon = \frac{\sigma}{E} \tag{3-24}$$

$$\frac{d\varepsilon}{dt} = \frac{1}{E} \cdot \frac{d\sigma}{dt} \tag{3-25}$$

式中　σ——应力;

ε——应变；

E——弹性模量。

由式(3-24)可知 H 体应力-应变关系如图 3-2(b)所示,其变形仅与应力大小有关,而与时间无关,为瞬时变形的形式;当应力为恒定值时,即 $d\sigma=0$,$d\varepsilon=0$,此时应变保持不变,无蠕变,如图 3-2(c)所示;当应变为恒定值时,即 $d\varepsilon=0$,$d\sigma=0$,此时应力保持不变,无应力松弛,如图 3-2(d)所示;卸载后,即 $\sigma=0$,则 $\varepsilon=0$,无弹性后效。

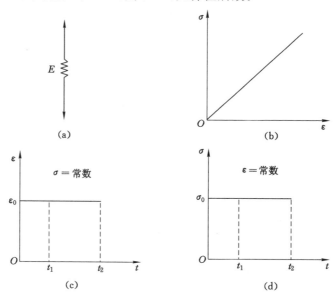

图 3-2　胡克弹性体元件力学模型

（2）牛顿黏性体元件（N 体）

牛顿黏性体元件,简称 N 体,符合牛顿流体定律,其应力 σ 与应变率 $\dot{\varepsilon}$ 成正比,通常用活塞元件来描述其变形特征,如图 3-3(a)所示,其本构关系式见式(3-26)。

$$\sigma = \eta\dot{\varepsilon} \tag{3-26}$$

式中　$\dot{\varepsilon}$——应变速率；

η——牛顿体黏滞系数。

当应力 σ 为恒定值时,将式(3-26)积分可得:

$$\varepsilon = \frac{\sigma}{\eta}t + C \tag{3-27}$$

当 $t=0$ 时,$\varepsilon=0$,则 $C=0$,所以有:

$$\varepsilon = \frac{\sigma}{\eta}t \tag{3-28}$$

当 $t=t_1$ 时,$\sigma=\sigma_0$,此时有:

$$\varepsilon = \frac{\sigma_0}{\eta}t_0 \tag{3-29}$$

综上可以看出:牛顿黏壶体变形与时间有关,具有蠕变的性质,加载瞬间无瞬时变形;卸载时($\sigma=0$),应变率 $\dot{\varepsilon}=0$,应变 ε 为常数,有永久变形,而无弹性后效;当应变保持恒定时

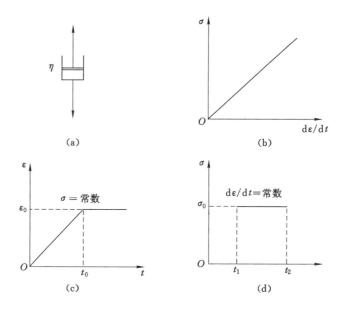

图 3-3　牛顿黏性体元件力学模型（N 体）

$(\varepsilon = \text{const})$，$\dot{\varepsilon} = 0$，则 $\sigma = 0$，黏性元件不受力，故无应力松弛性质。

（3）塑性元件（C 体）

塑性元件，简称 C 体，主要用于描述理想塑性体的应力、应变状态，如图 3-4 所示。

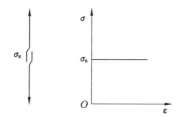

图 3-4　塑性元件力学模型（C 体）

塑性体元件本构方程为：

$$\begin{cases} \varepsilon = 0 & (\sigma < \sigma_s) \\ \varepsilon \to \infty & (\sigma \geqslant \sigma_s) \end{cases} \tag{3-30}$$

式中　σ_s——屈服应力。

3.2.4　组合元件流变模型

实际工程中岩体的力学特性一般包括弹性、弹黏性、塑性、弹黏塑性、黏塑性等，因此应用单一的元件模型并不能表达岩体复杂的弹黏塑性力学特征，需要对上述 3 种基本元件进行串联和并联组合，对复杂岩体力学行为进行表征。

3.2.4.1　串并联模型特性

（1）串联模型

串联模型是将两个及两个以上的元件模型串联在一起，串联模型具有如下性质：

$$\begin{cases} \sigma = \sigma_1 = \sigma_2 = \cdots = \sigma_n \\ \varepsilon = \varepsilon_1 + \varepsilon_2 + \cdots + \varepsilon_n \end{cases} \tag{3-31}$$

（2）并联模型

并联模型是将两个及两个以上元件模型并联在一起，并联模型具有如下性质：

$$\begin{cases} \sigma = \sigma_1 + \sigma_2 + \cdots + \sigma_n \\ \varepsilon = \varepsilon_1 = \varepsilon_2 = \cdots = \varepsilon_n \end{cases} \tag{3-32}$$

3.2.4.2　黏弹性模型（马克斯韦尔模型）

黏弹性模型由弹性元件和黏性元件串联组成，用于模拟材料变形随时间增大的特性，如图 3-5 所示。

图 3-5　马克斯韦尔模型

（1）本构方程

马克斯韦尔体蠕变本构方程为：

$$\dot{\varepsilon} = \frac{\dot{\sigma}}{E} + \frac{\sigma}{\eta} \tag{3-33}$$

（2）蠕变方程

当材料所受外力恒定时（$\sigma = \sigma_0 = $常数），则由式（3-33）可得：

$$\varepsilon = \frac{\sigma}{\eta}t + \frac{\sigma}{E} \tag{3-34}$$

（3）卸载方程

当 $t = t_1$ 时卸载，弹性变形 ε_0 立即恢复，则卸载后方程为：

$$\varepsilon = \frac{\sigma_0}{\eta}t_1 \tag{3-35}$$

（4）松弛方程

当达到一定应变后，保持应变值恒定（$\varepsilon = $常数），则其松弛方程为：

$$\sigma = \sigma_0 e^{-\frac{k}{\eta}t} \tag{3-36}$$

式（3-36）即马克斯韦尔模型松弛方程，松弛曲线如图 3-6（b）所示。从图 3-6 可以看出：随着时间的增加其应力逐渐减小，发生应力松弛现象。

综上可知：马克斯韦尔模型可以描述材料的瞬时变形、蠕变变形和应力松弛特征，卸载后存在一定的不可恢复的塑性变形。

3.2.4.3　开尔文模型

开尔文模型由 1 个胡克体弹性元件和 1 个牛顿黏性体黏壶并联组成，用于描述材料的黏弹性特征，如图 3-7 所示。

（1）本构方程

开尔文模型蠕变本构方程为：

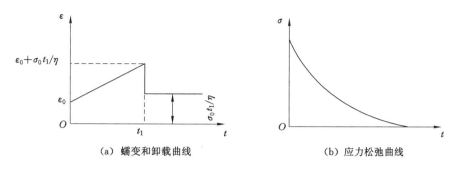

（a）蠕变和卸载曲线　　　　　　（b）应力松弛曲线

图 3-6　马克斯韦尔模型蠕变、卸载和应力松弛曲线

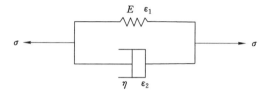

图 3-7　开尔文模型

$$\sigma = E\varepsilon + \eta\dot{\varepsilon} \tag{3-37}$$

（2）蠕变方程

当材料所受外力恒定时（$\sigma = \sigma_0 =$ 常数），其蠕变方程为：

$$\varepsilon = \frac{\sigma_0}{E}(1 - e^{-\frac{E}{\eta}t}) \tag{3-38}$$

（3）卸载方程

当 $t = t_1$ 时卸载，$\sigma_0 = 0$，其卸载方程为：

$$\varepsilon = \varepsilon_{t_1} e^{-\frac{E}{\eta}(t-t_1)} \tag{3-39}$$

（4）松弛方程

当达到一定应变后，保持应变值恒定，将其代入式（3-37）得：

$$\sigma = E\varepsilon_0 \tag{3-40}$$

式（3-40）即开尔文模型松弛方程，松弛曲线如图 3-8（b）所示。由图 3-8 可以看出：当应变恒定时，应力恒定，无应力松弛现象。

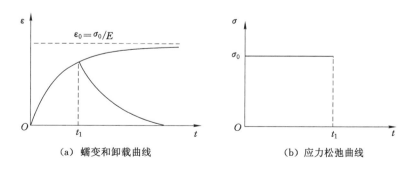

（a）蠕变和卸载曲线　　　　　　（b）应力松弛曲线

图 3-8　开尔文模型蠕变、卸载和松弛曲线

综上可知：开尔文模型可以描述材料的稳定蠕变和弹性后效，无瞬时变形和应力松弛特征，卸载后材料的变形将完全最终恢复到 0，是一种黏弹性模型。

3.2.4.4　伯格斯模型

伯格斯模型是由马克斯韦尔模型与开尔文模型串联组成的，其力学模型如图 3-9 所示。

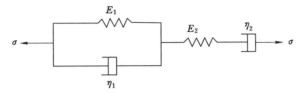

图 3-9　伯格斯模型

（1）本构方程

伯格斯模型本构方程为：

$$\ddot{\sigma} + \left(\frac{E_2}{\eta_1} + \frac{E_2}{\eta_2} + \frac{E_1}{\eta_1}\right)\dot{\sigma} + \frac{E_1 E_2}{\eta_1 \eta_2}\sigma = E_2\ddot{\varepsilon} + \frac{E_1 E_2}{\eta_1}\dot{\varepsilon} \tag{3-41}$$

（2）蠕变方程

伯格斯模型蠕变方程为：

$$\varepsilon = \frac{\sigma_0}{E_2} + \frac{\sigma_0}{\eta_2}t + \frac{\sigma_0}{E_1}\left(1 - e^{-\frac{E_1}{\eta_1}t}\right) \tag{3-42}$$

伯格斯模型蠕变曲线如图 3-10 所示。

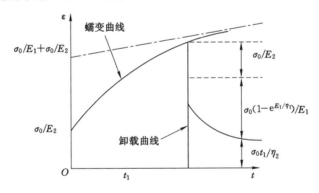

图 3-10　伯格斯模型蠕变曲线

（3）松弛方程

当 ε 保持不变，即 $\varepsilon = \varepsilon_0$，为常数，$d\varepsilon/dt = 0$，则蠕变本构方程为：

$$\sigma = \left(\frac{E_1 E_2}{E_1 + E_2} + \frac{E_1{}^2}{E_1 + E_2}e^{-\frac{E_1 + E_2}{\eta}t}\right)\varepsilon_0 \tag{3-43}$$

3.2.4.5　西原模型

西原模型由 1 个 H 体、1 个 K 和 1 个 K|V 体串联而成，用以反映岩石的弹性、黏弹性、黏塑性特性，其力学模型如图 3-11 所示。

（1）本构方程

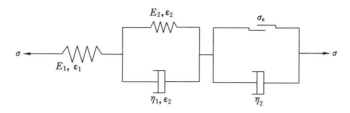

图 3-11　西原模型

西原模型本构方程为：

$$\begin{cases} \dfrac{\eta_1}{E_1}\overset{\cdot}{\sigma}+(1+\dfrac{E_2}{E_1})\sigma=\eta_1\overset{\cdot}{\varepsilon}+E_2\varepsilon & (\sigma=\sigma_s) \\[3mm] \overset{\cdot}{\sigma}+(\dfrac{E_2}{\eta_1}+\dfrac{E_2}{\eta_2}+\dfrac{E_1}{\eta_1})\sigma+\dfrac{E_1E_2}{\eta_1\eta_2}(\sigma-\sigma_s)=E_2\overset{\cdot}{\varepsilon}+\dfrac{E_1E_2}{\eta_1}\varepsilon & (\sigma\geqslant\sigma_s) \end{cases}$$
　(3-44)

（2）蠕变方程

西原模型的蠕变方程为：

$$\begin{cases} \varepsilon(t)=\dfrac{\sigma}{E_0}+\dfrac{\sigma}{E_1}(1-e^{-\frac{E_1}{\eta_1}t}) & (\sigma<\sigma_s) \\[3mm] \varepsilon(t)=\dfrac{\sigma}{E_0}+\dfrac{\sigma}{E_1}(1-e^{-\frac{E_1}{\eta_1}t})+\dfrac{\sigma-\sigma_s}{\eta_2}t & (\sigma\geqslant\sigma_s) \end{cases}$$
　(3-45)

综上分析，得到不同元件组合模型的特征及能表示的蠕变特性，见表 3-1。

表 3-1　各元件组合模型特征比较

模型名称	瞬时弹性应变	应力松弛	初期蠕变	等速蠕变	加速蠕变	弹性后效	永久变形
马克斯韦尔模型	√	√	×	√	×	×	√
开尔文模型	×	×	√	×	×	√	×
开尔文-沃伊特模型	√	√	√	×	×	√	×
伯格斯模型	√	√	√	√	×	√	√
西原模型	√	√	√	√	×	√	√

3.3　分数阶微积分元件模型

3.3.1　埃布尔黏壶模型

经典力学理论认为理想弹性体应力、应变关系满足胡克定律，即 $\sigma(t)=E\cdot\varepsilon(t)$，可改写为 $\sigma(t)=\mathrm{d}^{(0)}\varepsilon(t)/\mathrm{d}t^{(0)}$；理想流体应力、应变关系满足牛顿黏性定律，即 $\sigma(t)=\eta\cdot\overset{\cdot}{\varepsilon}(t)$，可改写为 $\sigma(t)=\eta\cdot\mathrm{d}^{(1)}\overset{\cdot}{\varepsilon}(t)/\mathrm{d}t^{(1)}$。则介于理想固体和理想流体之间的应力、应变特征应满足式（3-46）。满足式（3-46）的元件称为埃布尔黏壶，如图 3-12 所示。

$$\sigma(t)=\xi\frac{\mathrm{d}^{(\beta)}\varepsilon(t)}{\mathrm{d}t^{(\beta)}}$$
　(3-46)

式中 ξ——埃布尔黏壶的黏弹性系数,其量纲为应力·时间$^{\beta}$;

β——埃布尔黏壶的阶数,当 $\beta=0$ 时,式(3-46)可退化为胡克体应力、应变关系;当 $\beta=1$ 时式(3-46)可退化为牛顿体应力、应变关系;当 $0<\beta<1$ 时,可表示介于理想弹性体和理想流体之间的应力、应变特征;当 $\beta>1$ 时,可表述材料的加速蠕变状态。

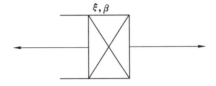

图 3-12 埃布尔黏壶模型

根据里尔曼-柳维尔分数阶微分算子理论可得埃布尔黏壶的蠕变本构方程:

$$\varepsilon(t)=\frac{\sigma_0}{\xi}\frac{t^{(\beta)}}{\Gamma(1+\beta)} \tag{3-47}$$

由式(3-47)可知改变分数阶阶数 β 可得到不同应力状态下材料的蠕变曲线。本书以应力 $\sigma=2$ MPa,黏弹性系数 $\xi=2\,000$ MPa·min$^{\beta}$ 为参考条件,分别计算 β 为 0.1、0.2、0.3、0.4、0.5、0.6、0.7、0.75、0.8、0.9、1、1.5、2.5、4 时埃布尔黏壶蠕变变形随时间变化规律,如图 3-13 所示。

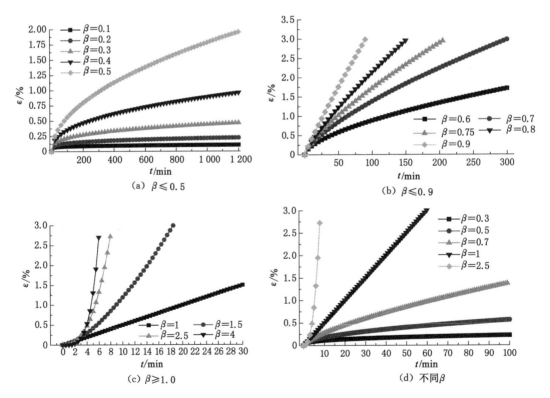

图 3-13 不同阶数的埃布尔黏壶蠕变曲线

由图 3-13 可知：当 $\beta \leqslant 0.4$ 时，埃布尔黏壶应变曲线比较平缓，可以用来描述稳定蠕变曲线；当 $0.4 < \beta < 1$ 时，埃布尔黏壶应变曲线较陡，但是 ε 关于 t 的二阶导数小于 0，说明此时仍然可以描述应力速率较高的衰减蠕变和等速蠕变，可用来描述黏弹性变形；当 $\beta \geqslant 1$ 时，埃布尔黏壶应变曲线较陡，且 ε 关于 t 的二阶导数大于 0，蠕变曲线形态与加速蠕变段曲线非常相似，可以用来描述加速蠕变过程和黏塑性变形。

当应变值恒定时 $[\varepsilon(t) = 常数]$，其松弛方程为：

$$\sigma(t) = \xi \varepsilon_0 \frac{t^{-\beta}}{\Gamma(1-\beta)} \tag{3-48}$$

式中 ε_0 ——初始应变，其余符号同上。

3.3.2 几种常见的分数阶微积分元件模型

（1）分数阶马克斯韦尔模型

分数阶马克斯韦尔模型由弹簧元件（H 体）和埃布尔黏壶串联组成，用于描述黏弹性材料的蠕变特征，如图 3-14 所示。

图 3-14 分数阶马克斯韦尔模型

由元件模型串联法则有 $\begin{cases} \sigma = \sigma_1 = \sigma_2 \\ \varepsilon = \varepsilon_1 + \varepsilon_2 \end{cases}$，又 $\varepsilon_1 = \sigma/E$，$\sigma(t) = \xi \dfrac{\mathrm{d}^{(\beta)} \varepsilon_2(t)}{\mathrm{d}t^{(\beta)}}$，所以有分数阶马克斯韦尔体流变本构方程为：

$$\frac{\mathrm{d}^{(\beta)} \sigma}{\mathrm{d}t^{(\beta)}} + \frac{E}{\xi} \cdot \sigma = E \frac{\mathrm{d}^{(\beta)} \varepsilon}{\mathrm{d}t^{(\beta)}} \tag{3-49}$$

对式（3-49）进行拉普拉斯变换得：

$$s^{(\beta)} \bar{\varepsilon} = \frac{1}{E} s^{(\beta)} \bar{\sigma} + \frac{1}{\xi} \bar{\sigma} \tag{3-50}$$

整理得：

$$J(s) = \frac{\bar{\varepsilon}}{s\bar{\sigma}} = \frac{1}{sE} + \frac{s^{-\beta-1}}{\xi} \tag{3-51}$$

其蠕变柔量为：

$$J(t) = \frac{1}{E} + \frac{1}{\xi} \frac{t^{\beta}}{\Gamma(1+\beta)} \tag{3-52}$$

（2）分数阶开尔文模型

分数阶开尔文模型由弹簧元件（H 体）和埃布尔黏壶并联组成，用于描述黏弹性材料的蠕变特征，如图 3-15 所示。

由元件模型并联法则有 $\begin{cases} \sigma = \sigma_1 + \sigma_2 \\ \varepsilon = \varepsilon_1 = \varepsilon_2 \end{cases}$，又 $\varepsilon_1 = \sigma/E$，$\sigma(t) = \xi \dfrac{\mathrm{d}^{(\beta)} \varepsilon_2(t)}{\mathrm{d}t^{(\beta)}}$，所以有分数阶开尔文体蠕变本构方程：

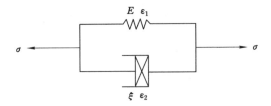

图 3-15 分数阶开尔文模型

$$\sigma = E\varepsilon + \xi\frac{\mathrm{d}^{(\beta)}\varepsilon}{\mathrm{d}t^{(\beta)}} \tag{3-53}$$

对式(3-53)进行拉普拉斯变换得到：

$$\bar{\sigma} = E\,\bar{\varepsilon} + s^{\beta}\xi\bar{\varepsilon} \tag{3-54}$$

设 $\sigma(t) = \sigma_0\theta(t)$，其中 $\theta(t)$ 是单位阶跃函数，将 $\sigma(t) = \sigma_0\theta(t)$ 代入式(3-54)并进行拉普拉斯逆变换，整理得：

$$\bar{\varepsilon} = L^{-1}\left(\frac{\sigma_0}{\xi}\frac{s^{-\beta-1}}{\frac{E}{\xi}s^{-\beta}+1}\right) \tag{3-55}$$

又 $\dfrac{s^{-\beta-1}}{\frac{E}{\xi}s^{-\beta}+1} = \left[-\dfrac{\xi}{\beta E}\ln\left(\dfrac{E}{\xi}s^{-\beta}+1\right)\right]'$，$\ln(x+1) = \displaystyle\sum_{k=1}^{\infty}(-1)^{k-1}\frac{x_k}{k}$，所以对式(3-55)整

理得到：

$$\bar{\varepsilon} = L^{-1}\left[\frac{\sigma_0}{\xi}\sum_{k=1}^{\infty}(-1)^k\left(\frac{\xi}{E}\right)^k s^{-\beta k-\beta-1}\right] = \frac{\sigma_0}{\xi}\sum_{k=0}^{\infty}\frac{(-1)^k}{\Gamma(\beta k+\beta+1)}\left(\xi\frac{t^\beta}{E}\right)^{k+1} \tag{3-56}$$

其蠕变柔量为：

$$J(t) = \frac{1}{\xi}\sum_{k=0}^{\infty}\frac{(-1)^k}{\Gamma(\beta k+\beta+1)}\left(\xi\frac{t^\beta}{E}\right)^{k+1} \tag{3-57}$$

3.4 本章小结

本章主要针对现有整数阶流变软件模型不能合理描述加速蠕变问题，引入分数阶微积分理论，简单介绍几种常用的分数阶微积分元件模型，主要结论如下：

（1）从分数阶微积分定义，引入了里尔曼-柳维尔分数阶微积分算子，给出了几种常用的分数阶微积分的数值解。

（2）对岩土材料的流变特性、流变基本理论和基本元件进行了详细介绍，并给出了几种整数阶组合软件流变模型，对模型的特征进行了详细分析。

（3）引入埃布尔黏壶，埃布尔黏壶中分数阶次数 β 可以合理描述介于弹性材料和黏性材料的流变特征，可以用于描述岩土材料的衰减蠕变、等速蠕变和加速蠕变过程，给出了几种常见的分数阶微积分元件模型及其数值解。

4 弱胶结软岩蠕变特性试验及本构模型研究

软岩蠕变特性的主要研究手段是室内软岩蠕变试验,通过试验获取软岩蠕变曲线变化规律,分析岩体长期强度特征和蠕变变形特征,建立相应的蠕变本构模型,揭示弱胶结软岩蠕变变形机理和规律,并通过试验结果与模型计算结果的对比分析,不断优化和改进所建立的蠕变本构模型,为弱胶结软岩力学特性和本构关系研究奠定理论基础,为弱胶结软岩工程设计和工程建设提供有效理论依据。

4.1 试件制作及试验仪器

蠕变试验所用试件与三轴试验所用试件相同,均取自内蒙古自治区红庆梁煤矿主井井筒和 3-1 煤辅运大巷。首先利用 YZS-50 钻孔取样机钻取直径 50 mm、高度大于 100 mm 的圆柱试件。利用 HQP-200 自动岩石切割机对圆柱试件进行切割,制备高度略大于 100 mm 的圆柱试件,之后利用 SHM-200 型双端面磨石机将试件两端面磨平,制备直径 50 mm、高度 100 mm 的圆柱试件。

蠕变试验所用仪器为英国 GDS-HPTAS 软岩三轴蠕变仪,如图 4-1 所示。

图 4-1 GDS-HPTAS 软岩三轴蠕变仪

该试验系统包括加载框、压力室、轴向压力控制系统、32 MPa/200 mL 围压和反压体积控制系统、GDSlab 软件和数据采集系统等,轴压最大值为 125 MPa,围压最大值为 32 MPa,体积控制测量精度为测量值的 0.1%(0.001 mL),压力测量精度为量程的 0.1%(16 kPa);利用 GDSlab 软件模块,可进行标准三轴试验、渗透压试验、蠕变试验、渗流-蠕变耦合试验和三轴渗透压试验等。加载方式可以为应力控制或者位移控制。考虑到本书蠕变试验主要是研究一定外荷载(应力)作用下弱胶结软岩的蠕变特性,因此采用应力控制的方法开展蠕变试验。

4.2 蠕变试验方案

岩土体材料蠕变变形主要是由于外荷载作用导致的岩体变形随时间增长的现象。巷道、井筒、隧道、地下硐室、基坑等地下工程中岩体蠕变的受荷方式主要包括:

(1) 轴压增大

在地下工程上部修建建筑物或者地下水位的下降,会引起地下硐室围岩所受轴向有效应力的增大。长期轴向荷载作用下,地下硐室围岩会产生显著的蠕变变形。

(2) 围压卸载

在地下巷道、井筒、隧道、基坑等掘进施工过程中,靠近临空侧的岩土体原先处于三向受力平衡状态,突然开挖、卸荷导致岩体所受围压减小。随着时间的增加,围岩体产生蠕变变形,最终导致支护结构失效,造成工程事故。

基于此,本书提出两种蠕变试验加载方案,均采用分级加载方式。第一种加载方案为围压固定,轴压增大,设定围压为 4 MPa,轴向加载根据第 3 章三轴试验结果确定,取最大轴向加载约为饱和三轴试件三轴抗压强度的 70%,约 12 MPa。轴向加载分为 5 级,轴向荷载分别为 4 MPa、6 MPa、8 MPa、10 MPa 和 12 MPa。第二种加载方式为轴压保持恒定,围压逐级卸载。取轴向荷载值为 10 MPa,根据 3.2 节地下硐室水平应力计算公式,围压按 5 级卸载,分别为 8 MPa、6 MPa、5 MPa、4 MPa 和 2 MPa。试验方案见表 4-1。

表 4-1 弱胶结软岩三轴蠕变试验方案

分级加载阶段	定围压加载方案		卸围压加载方案	
	围压/MPa	轴向荷载/MPa	围压/MPa	轴向荷载/MPa
1	4	4	8	10
2	4	6	6	10
3	4	8	5	10
4	4	10	4	10
5	4	12	2	10

加载应力路径如图 4-2 所示。

试验步骤如下:

(1) 对弱胶结软岩三轴试件进行真空抽气饱和。

(2) 将饱和后的岩样放至带透水孔的圆形透水钢板上,调整各自传感器与数据接口的最佳装配位置,利用电吹风将热塑管固定在试件表面,保证管壁与试件表面完全贴合,采用 O 形密封圈和橡胶套密封处理上压水头、试件及下压水头的连接位置。

(3) 粘贴 2 个轴向局部传感器和 1 个径向传感器,并校正传感器,之后将压力室密封、固定,如图 4-3 所示。

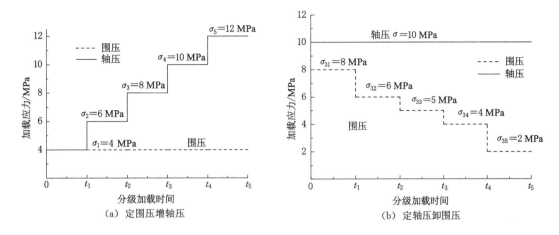

图 4-2 分级加载应力路径

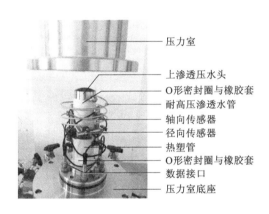

图 4-3 蠕变试件安装图

（4）启动 GDSlab 软件。采用高级加载模块,围压和轴压分别以应力控制的方式加载至试验设计值,加载速率为 0.05 MPa/s。定围压增轴压试验中设定试件初始应力状态为围压 σ_r＝4 MPa,轴压 σ_a＝4 MPa;定轴压卸围压试验中设定试件初始应力状态为围压 σ_r＝8 MPa,轴压 σ_a＝10 MPa。

（5）达到初始应力状态后开始弱胶结软岩蠕变试验。

定围压增轴压试验:恒定围压 σ_r＝4 MPa,轴压 σ_a＝4 MPa,保持此应力状态不变,观测轴向变形与时间的关系,每级荷载变形稳定后以 0.05 MPa/s 的速率增加轴压至下一级荷载,分别为 6 MPa、8 MPa、10 MPa 和 12 MPa,每级荷载加载约 50 h。试件破坏后结束试验。记录轴向变形、径向变形等试验数据,便于后期试验数据整理。

定轴压卸围压试验:恒定轴压 σ_a＝10 MPa,围压 σ_r＝8 MPa,保持此应力状态不变,观测轴向变形与时间的关系,每级荷载加载约 50 h 后,以 0.05 MPa/s 的卸载速率卸围压至规定值 6 MPa、5 MPa、4 MPa 和 2 MPa。试件破坏后结束试验。

4.3 蠕变试验结果

4.3.1 定围压增轴压蠕变试验结果

（1）蠕变变形结果分析

定围压增轴压蠕变试验轴向应变-时间关系曲线、径向应变-时间关系曲线如图 4-4 所示。

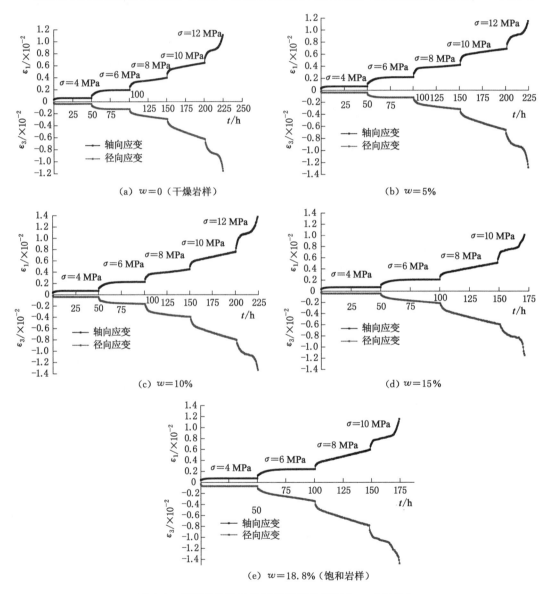

图 4-4 弱胶结软岩升轴压蠕变试验结果（$\sigma_3 = 4$ MPa）

图 4-4 中各级荷载加载时间约 50 h，当发生加速蠕变且其变形速率超过 0.05 ％·h^{-1} 时停止试验。由图 4-4 可以看出：弱胶结软岩蠕变变形与时间具有正相关关系，随着时间的

增加,蠕变变形表现为稳定、等速增长和快速增长等形式。当围压 $\sigma_3 = 4$ MPa,轴压 $\sigma <$ 6 MPa 时,弱胶结软岩试件在任何含水条件下都表现为稳定蠕变,曲线包括瞬时变形和速率逐渐降低的稳态蠕变变形,即此时蠕变表现为稳定型衰减蠕变;当轴压为 8 MPa 时,任何含水条件下蠕变曲线均包括瞬时变形、衰减蠕变和等速蠕变。当轴压 $\sigma = 10$ MPa、含水率 $w \leqslant 10\%$ 时,软岩试件也表现出上述特征;当轴压 $\sigma = 10$ MPa、含水率 $w \geqslant 10\%$ 以及轴压 $\sigma = 12$ MPa 的所有含水条件试件,软岩试件的蠕变曲线表现为典型的三阶段蠕变曲线,即此时试件产生瞬时变形、第一阶段衰减蠕变,第二阶段等速蠕变和第三阶段加入蠕变特征,其中第一阶段和第二阶段又称为稳态蠕变,稳态蠕变持续时间相对较长,应力越大,含水率越大,稳态应变持续时间越短。发生加速蠕变的应力条件随试件含水率的增大而降低。

(2)瞬时变形与蠕变变形规律分析

从蠕变变形量数值描述,当应力水平较低时,蠕变变形相对高应力水平产生的蠕变变形较小,而当应力水平较高时,蠕变变形相对低应力水平产生的蠕变变形较大。不同含水及轴向应力条件下蠕变变形见表 4-2。其中瞬时应变是指施加荷载后瞬间产生的弹性变形,蠕变变形为荷载施加至下一级荷载产生的总应变与瞬时应变的差值。应变比是指该级荷载作用下试件的瞬时应变与蠕变应变的比值。

表 4-2 瞬时变形和蠕变变形

含水率 $w/\%$	轴向应力 /MPa	轴向			径向		
		瞬时应变/%	蠕变应变/%	应变比	瞬时应变/%	蠕变应变/%	应变比
0	4	0.035 1	0.027 5	1.28	−0.017 4	−0.018 4	0.95
	6	0.039 7	0.092 8	0.43	−0.027 6	−0.061 9	0.45
	8	0.055 3	0.148 0	0.37	−0.034 3	−0.130 9	0.26
	10	0.069 3	0.180 0	0.38	−0.043 7	−0.292 4	0.15
	12	0.078 2	0.385 0	0.20	−0.057 7	−0.520 8	0.11
5	4	0.035 6	0.032 9	1.08	−0.018 3	−0.019 3	0.95
	6	0.042 9	0.110 6	0.39	−0.026 9	−0.058 1	0.46
	8	0.058 2	0.142 1	0.41	−0.034 1	−0.161 5	0.21
	10	0.068 2	0.201 1	0.34	−0.047 0	−0.295 7	0.16
	12	0.079 9	0.427 4	0.19	−0.055 4	−0.569 3	0.1
10	4	0.036 1	0.033 6	1.08	−0.019 1	−0.020 2	0.95
	6	0.045 3	0.112 6	0.40	−0.021 6	−0.100 7	0.21
	8	0.049 1	0.172 4	0.28	−0.023 4	−0.208 8	0.11
	10	0.052 3	0.260 2	0.20	−0.045 1	−0.355 5	0.13
	12	0.065 1	0.553 9	0.12	−0.054 0	−0.573 3	0.09
15	4	0.037 4	0.037 5	1.00	−0.019 9	−0.021 0	0.95
	6	0.042 1	0.094 7	0.44	−0.025 8	−0.154 5	0.17
	8	0.053 6	0.246 7	0.22	−0.028 2	−0.346 0	0.08
	10	0.063 1	0.435 2	0.14	−0.031 5	−0.583 2	0.05

表 4-2(续)

含水率 w/%	轴向应力 /MPa	轴向			径向		
		瞬时应变/%	蠕变应变/%	应变比	瞬时应变/%	蠕变应变/%	应变比
18.8	4	0.041 9	0.037 8	1.11	−0.033 4	−0.035 7	0.93
	6	0.051 3	0.114 5	0.45	−0.043 4	−0.231 4	0.19
	8	0.060 7	0.291 6	0.21	−0.060 0	−0.378 2	0.16
	10	0.066 8	0.494 9	0.13	−0.090 8	−0.674 5	0.13

由表 4-2 可知:应力 σ<4 MPa 时,弱胶结软岩轴向瞬时变形大于轴向蠕变变形,不同含水条件下其比值均大于 1,也就是说应力水平较低的条件下,此时荷载对试件作用所产生的瞬时弹性变形大于长期荷载作用下弱胶结软岩的蠕变变形,也就说明轴压 σ<4 MPa 时,试件将产生稳定蠕变,且蠕变量较小。随着作用荷载的增大,即随着长期荷载作用幅值的增大,轴向瞬时弹性应变与轴向蠕变变形的比值减小,此时蠕变变形有一定程度的增长,但不足以使试件破坏;当试件产生加速蠕变时,其蠕变变形迅速增加,此时蠕变变形已经成为岩体破坏变形的主要部分。

径向瞬时变形和蠕变变形随着轴压的变化趋势与轴向变形相似,不同之处是无论轴向应力多小(4 MPa),径向产生的瞬时变形总小于径向蠕变变形,之后随着应力幅值的增大,径向瞬时变形和蠕变变形瞬间减小,也就是径向蠕变变形远大于径向瞬时变形。这主要是由于对弱胶结软岩而言,外荷载与水耦合作用下试件将产生膨胀变形,且膨胀变形虽然随着时间的增加逐渐减小,但膨胀变形却需要一定的时间来完成,这一部分变形在蠕变试验中起到了极大作用,但是在蠕变试验中未能将软岩膨胀变形导致的径向应变的增量在试验数据中去除,因此径向蠕变变形大于瞬时变形。

对比分析轴向与径向瞬时变形可知:除饱和含水软岩试件在发生加速蠕变时($w=18.8\%$,$\sigma=10$ MPa),轴向瞬时变形小于径向瞬时变形外,其余试验条件下轴向变形均大于径向瞬时变形,这主要是轴向瞬时加载所导致的。但是蠕变变形并不一致,含水率 $w=0$、$\sigma=4$ MPa、$\sigma=6$ MPa 和 $\sigma=8$ MPa;$w=5\%$ 和 $w=10\%$,$\sigma=4$ MPa 和 $\sigma=6$ MPa;$w=15\%$ 和 $w=18.8\%$,$\sigma=4$ MPa 等 9 种试验条件时轴向蠕变大于径向蠕变,其余试验条件径向蠕变变形均大于轴向蠕变变形,这主要是由于蠕变时软岩内部结构膨胀,且其作用具有一定的时间效应,轴向膨胀使轴向蠕变变形减小,而径向膨胀一定程度上有利于径向蠕变变形。

(3)蠕变速率分析

为研究弱胶结软岩蠕变变形速率的变化规律,利用 Origin 软件将蠕变曲线进行一阶求导,得到弱胶结软岩蠕变过程速率曲线,如图 4-5 至图 4-9 所示。

由图 4-5 至图 4-9 可以看出:弱胶结软岩蠕变试验过程中,每一级荷载作用下,其蠕变速率均是在加载瞬间产生一个较高的应变速率,此阶段对应试件产生瞬时变形,之后蠕变速率不断降低。瞬时蠕变速率随着加载轴向力的增大而增大;对于衰减蠕变曲线,轴向荷载 σ<6 MPa,其蠕变速率在试验前期衰减完成后衰减速率逐渐接近 0,且仅有小幅波动;对于等速蠕变曲线轴向荷载 w<15%、σ<10 MPa,w≥15%、σ<8 MPa 时,其蠕变速率在瞬间蠕变完成后逐渐衰减,但衰减后始终保持在 0.008 36%~0.02%,处于等速蠕变阶段;当加速蠕变时,蠕变速率在衰减之后保持稳定蠕变较短时间后便开始迅速增大,直至试件破坏。

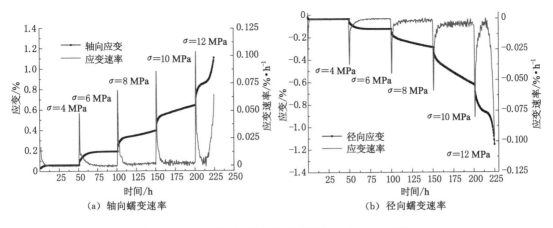

图 4-5 弱胶结软岩升轴压蠕变速率($w=0$,$\sigma_3=4$ MPa)

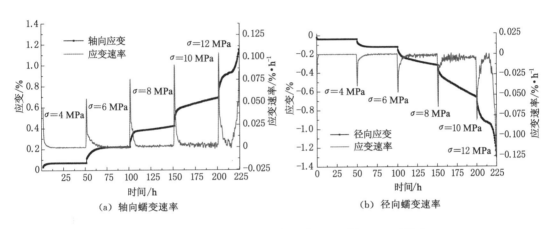

图 4-6 弱胶结软岩升轴压蠕变速率($w=5\%$,$\sigma_3=4$ MPa)

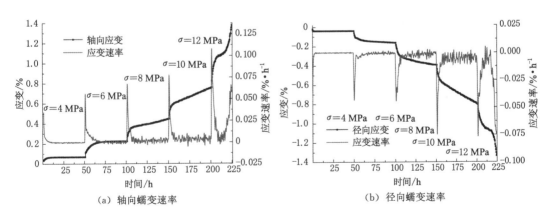

图 4-7 弱胶结软岩升轴压蠕变速率($w=10\%$,$\sigma_3=4$ MPa)

弱胶结软岩径向蠕变速率与轴向蠕变速率变化趋势相同,其加速蠕变后期的速率大于轴向加速蠕变速率,特别是在含水率较高的条件下,该现象更明显。

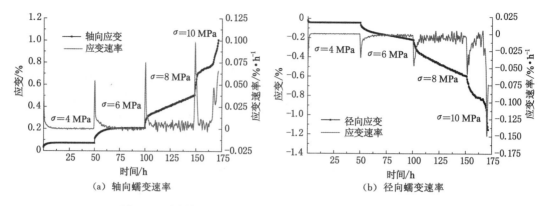

图 4-8　弱胶结软岩升轴压蠕变速率($w=15\%$，$\sigma_3=4$ MPa)

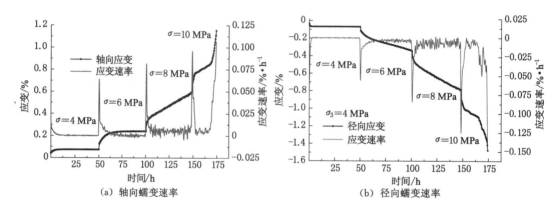

图 4-9　弱胶结软岩升轴压蠕变速率($w=18.8\%$，$\sigma_3=4$ MPa)

4.3.2　定轴压卸围压蠕变试验结果

（1）蠕变变形结果分析

弱胶结软岩卸围压蠕变试验每级荷载持续时间约 55 h，定轴压卸围压蠕变试验轴向应变-时间关系曲线、径向应变-时间关系曲线结果如图 4-10 所示。

从图 4-10 所示弱胶结软岩卸围压蠕变试验结果可以看出：当轴向控制应力 $\sigma_0=$ 10 MPa 时，弱胶结软岩蠕变曲线基本为 3 阶段蠕变曲线，其全过程蠕变曲线包括：瞬时变形、衰减蠕变、等速蠕变和加速蠕变等过程，其中围压为 8 MPa 时，蠕变曲线仅包括瞬时变形和衰减蠕变，其加载超过 25 h 后，蠕变变形速率始终小于 0.01 % · h^{-1}，处于稳定蠕变状态。围压卸载至 6 MPa 和 5 MPa 时，蠕变曲线均包括衰减蠕变和等速蠕变，但蠕变速率相对较低，蠕变变形速率始终小于 0.02 % · h^{-1}，仍处于稳定蠕变阶段。围压卸载至 5 MPa 时，蠕变量相对围压卸载至 6 MPa 较小，这也有可能因为经历了前期的蠕变挤密过程，试件的密实程度有所提高。围压卸载至 4 MPa 时，弱胶结软岩试件发生等速蠕变，且速率约为 0.025% · h^{-1}。围压卸载至 2 MPa 时，蠕变曲线除衰减蠕变、等速稳定蠕变外还包括加速非稳定蠕变，任何试件含水条件均发生加速蠕变。

由径向蠕变曲线可知：径向蠕变与轴向蠕变具有近似相同的变化规律，但是卸围压条件

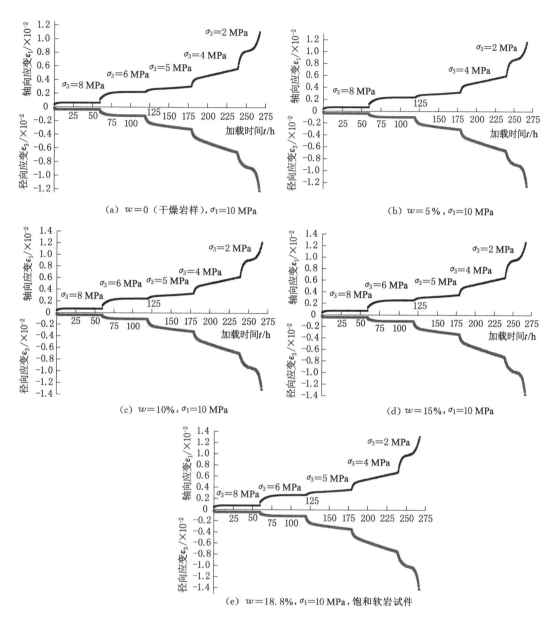

图 4-10　弱胶结软岩卸围压蠕变试验结果

下,径向蠕变略大于轴向蠕变,特别是对于含水率较高的试件,其径向蠕变量大于轴向蠕变量,这是因为卸围压条件下侧向约束减弱,降低了侧向约束力,试件的变形也容易在轴向受到控制的条件下向径向发展。

(2) 瞬时变形与蠕变变形规律分析

从蠕变变形量来看,在轴向控制应力水平一定的条件下(本书试验卸围压蠕变试验蠕变轴向控制应力为 10 MPa),当围压保持在较高的水平时,蠕变变形相对较小,而卸围压过程将导致试件侧向约束力减小,轴向蠕变和径向蠕变均增大。不同卸围压条件下蠕变变形见表 4-3。与表 4-2 类似,表 4-3 中瞬时应变是指施加荷载后瞬间产生的弹性变形,蠕变变形为荷载施加至下一级荷载产生的总应变与瞬时应变的差值。应变比是指该级荷载作用下试件瞬时应变与蠕变应变的比值。

表 4-3　瞬时变形和蠕变变形

含水率 $w/\%$	围压 /MPa	轴向应变			径向应变			轴向应变与径向应变比值
		瞬时应变/%	蠕变应变/%	应变比	瞬时应变/%	蠕变应变/%	应变比	
0%	8	0.026 31	0.020 62	1.276	−0.017 38	−0.018 37	0.946	−0.89
	6	0.029 46	0.059 59	0.494	−0.025 46	−0.065 14	0.391	−1.09
	5	0.037 60	0.111 10	0.338	−0.030 86	−0.183 87	0.168	−1.65
	4	0.043 80	0.237 36	0.185	−0.038 39	−0.329 48	0.117	−1.39
	2	0.049 40	0.413 92	0.119	−0.041 18	−0.538 52	0.076	−1.30
5%	8	0.016 88	0.048 95	0.345	−0.018 29	−0.019 34	0.946	−0.40
	6	0.023 90	0.099 07	0.241	−0.025 73	−0.096 47	0.267	−0.97
	5	0.042 10	0.155 50	0.271	−0.036 00	−0.184 92	0.195	−1.19
	4	0.037 92	0.248 18	0.153	−0.031 00	−0.319 18	0.097	−1.29
	2	0.039 80	0.498 50	0.080	−0.034 45	−0.549 77	0.063	−1.10
10%	8	0.018 84	0.049 83	0.378	−0.021 00	−0.028 15	0.746	−0.56
	6	0.030 40	0.116 16	0.262	−0.036 14	−0.061 56	0.587	−0.53
	5	0.044 90	0.179 50	0.250	−0.037 18	−0.199 75	0.186	−1.11
	4	0.059 40	0.257 05	0.231	−0.046 70	−0.301 71	0.155	−1.17
	2	0.072 20	0.486 84	0.148	−0.056 24	−0.525 31	0.107	−1.08
15%	8	0.025 25	0.031 40	0.804	−0.019 87	−0.021 03	0.945	−0.67
	6	0.026 80	0.123 09	0.218	−0.025 99	−0.079 02	0.329	−0.64
	5	0.034 69	0.193 59	0.179	−0.027 05	−0.199 56	0.136	−1.03
	4	0.044 58	0.269 54	0.165	−0.032 90	−0.382 35	0.086	−1.42
	2	0.068 60	0.495 39	0.138	−0.044 83	−0.583 24	0.077	−1.18
18.8%	8	0.026 89	0.032 38	0.830	−0.036 05	−0.082 95	0.435	−2.56
	6	0.031 50	0.111 578	0.282	−0.044 80	−0.231 42	0.194	−2.07
	5	0.044 01	0.312 96	0.141	−0.053 15	−0.542 76	0.098	−1.73
	4	0.050 52	0.554 185	0.091	−0.057 44	−0.899 43	0.064	−1.62

由表 4-3 最后一列轴向应变与径向应变比值可以看出:大多数卸围压试验条件下弱胶结软岩轴向瞬时变形小于轴向蠕变变形,卸围压试验仅有一组试件(含水率为 0,围压为 8 MPa)的轴向瞬时变形大于轴向蠕变变形,其余组试验中均是蠕变变形大于瞬时变形。径向瞬时变形和蠕变变形随轴压的变化趋势与轴向变形相似,但是无论什么试验条件,其径向蠕变变形始终大于径向瞬时变形。特别是随着含水率的增大,试件的蠕变变形数值呈现增大的趋势,这主要是因为对于弱胶结软岩而言,其矿物成分包含蒙脱石和伊利石等吸水膨胀性矿物,含水量的增大,导致膨胀性矿物膨胀性得到充分发挥,因此试件产生较为可观的蠕变变形量。

对比分析轴向与径向瞬时变形可知:当围压为 8 MPa 和 6 MPa 时,试件的径向变形均小于轴向蠕变变形,这是此时试件受到较大的侧向约束力导致的。而当围压继续卸载至 5 MPa、4 MPa、2 MPa 时,由于侧向约束力降低和受膨胀性矿物的作用,试件径向变形增大,最终表现为径向蠕变应变大于轴向蠕变应变。

（3）蠕变速率分析

为研究卸围压条件下弱胶结软岩蠕变变形速率的变化规律,利用 origin 软件将蠕变试验结果曲线进行一阶求导,得到弱胶结软岩蠕变过程速率曲线,如图 4-11 至图 4-15 所示。

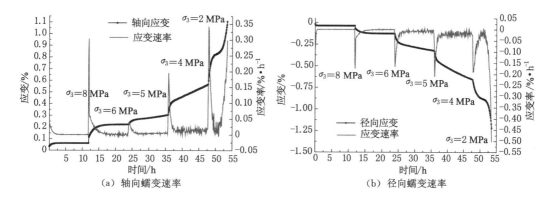

(a) 轴向蠕变速率　　　　　　　　(b) 径向蠕变速率

图 4-11　弱胶结软岩卸围压蠕变速率($w=0$)

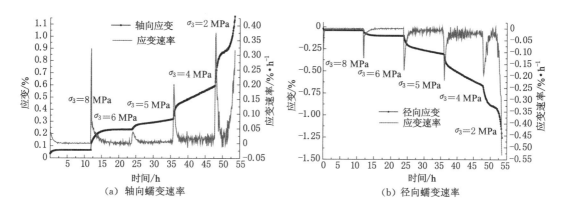

(a) 轴向蠕变速率　　　　　　　　(b) 径向蠕变速率

图 4-12　弱胶结软岩卸围压蠕变速率($w=5\%$)

从卸围压蠕变应变速率曲线可以看出:与升轴压的弱胶结软岩蠕变试验测试结果一样,与蠕变全过程曲线类似,蠕变速率均是在加载瞬间产生一个较高的应变速率,此时对应的瞬时变形,对应于应变速率曲线中几个较高的峰值点;之后蠕变速率呈曲线形下降,此阶段对应于衰减蠕变阶段,之后速率在一定的范围内波动,对于稳定型蠕变,蠕变变形几乎恒定,保持不变,此时蠕变速率为 0;若衰减速率保持大于 $0.05\% \cdot h^{-1}$,则认为此时为等速蠕变,应变曲线按一定的斜率向上倾斜;对于部分产生加速蠕变的试件,蠕变速率保持一段时间恒定值之后,蠕变速率增大,曲线上升,最终导致试件加速蠕变破坏。

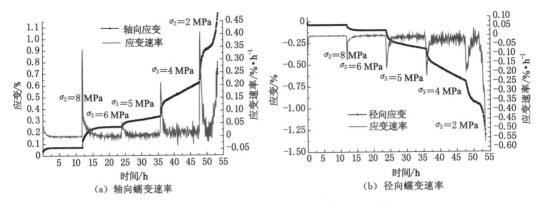

图 4-13　弱胶结软岩卸围压蠕变速率($w=10\%$)

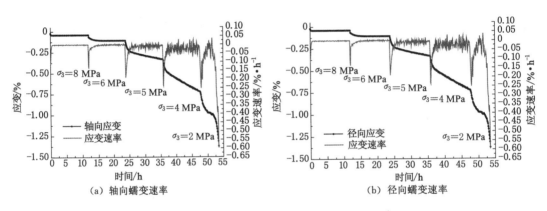

图 4-14　弱胶结软岩卸围压蠕变速率($w=15\%$)

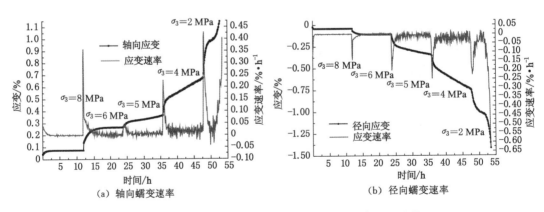

图 4-15　弱胶结软岩卸围压蠕变速率($w=18.8\%$,饱和试件)

径向蠕变速率与轴向蠕变速率变化趋势几乎相同,径向加速蠕变后期的速率大于轴向加速蠕变速率,特别是含水率较高时,该现象更明显。

4.4 长期强度特性

　　长期强度是指岩石在长期荷载作用下发生加速蠕变变形所对应的抵御破坏作用的应力,也称为蠕变强度,是岩体蠕变力学中一个非常重要的指标。其值受岩体结构构造及其内部缺陷影响较大,也与岩体的成因有一定的关系。大量室内试验或工程实践表明:岩体强度具有明显的时效性,在荷载长期作用下,岩石的长期强度会慢慢降低。因此,在岩石力学工程领域,诸如矿山建设、边坡治理、隧道支护等应以岩石(体)的长期强度作为工程结构强度设计依据。目前岩石长期强度的确定方法有直接法和间接法。直接法的基本原理是通过岩体蠕变试验,采用变形控制测定规定时间内岩石不发生破坏的最大应力。间接法是指在岩石破坏过程中寻找岩石或岩体在外力作用下强度变化的不同发展阶段的临界值。直接法操作困难不具有推广特性,间接法灵活多变。岩石长期强度确定方法主要包括:过渡蠕变曲线法[114]、等时应力-应变关系曲线法[115]、黏塑性应变速率法[116]、加-卸载蠕变残余应变法[117]、体积应变法及稳态蠕变速率法[118]等。

　　本书采用等时应力-应变关系曲线法获得不同含水条件时弱胶结软岩等时应力-应变关系曲线,其结果如图 4-16 至图 4-25 所示。

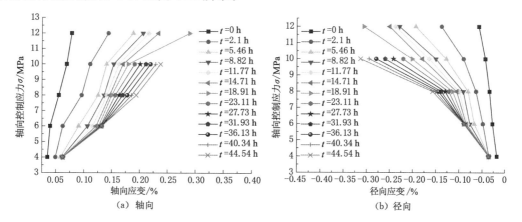

图 4-16　弱胶结软岩升轴压等时应力-应变关系曲线($w=0\%$)

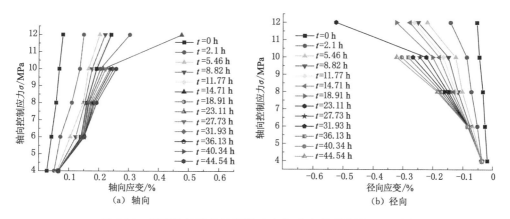

图 4-17　弱胶结软岩升轴压等时应力-应变关系曲线($w=5\%$)

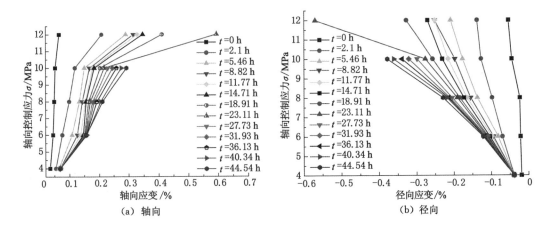

图 4-18 弱胶结软岩升轴压等时应力-应变关系曲线($w=10\%$)

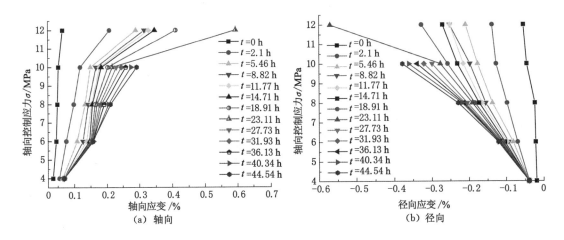

图 4-19 弱胶结软岩升轴压等时应力-应变关系曲线($w=15\%$)

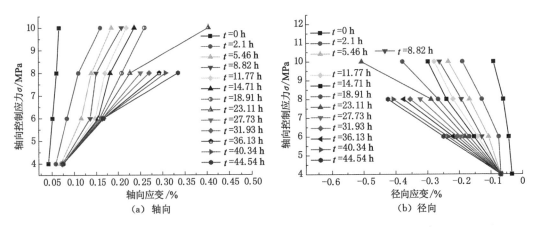

图 4-20 弱胶结软岩升轴压等时应力-应变关系曲线($w=18.8\%$)

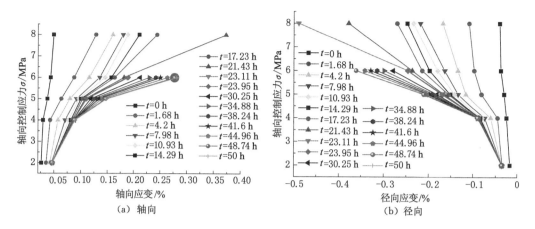

图 4-21 弱胶结软岩卸围压等时应力-应变关系曲线($w=0\%$)

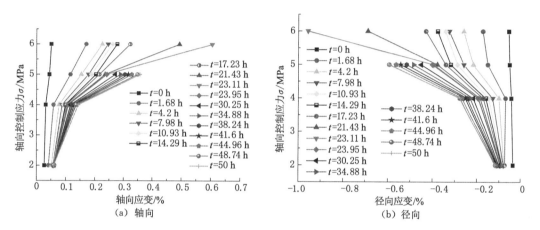

图 4-22 弱胶结软岩卸围压等时应力-应变关系曲线($w=5\%$)

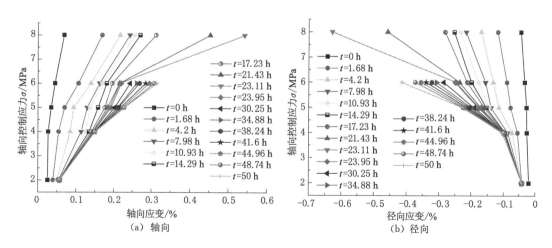

图 4-23 弱胶结软岩卸围压等时应力-应变关系曲线($w=10\%$)

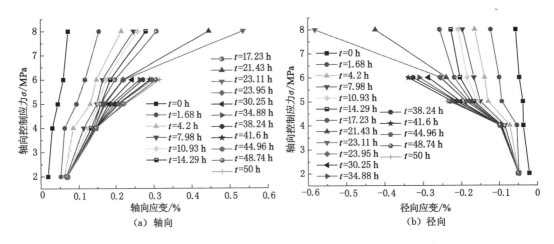

图 4-24 弱胶结软岩卸围压等时应力-应变关系曲线($w=15\%$)

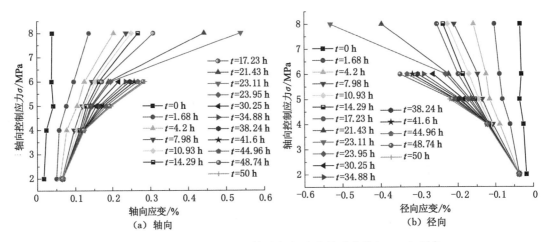

图 4-25 弱胶结软岩卸围压等时应力-应变关系曲线($w=18.8\%$)

（1）升围压条件下弱胶结软岩长期强度

图 4-16 至图 4-20 为不同含水条件时弱胶结软岩等时应力-应变关系曲线。

升围压条件下弱胶结软岩蠕变等时应力-应变关系曲线具有相似特征，但是与一般岩土材料等时应力-应变关系曲线有较大区别，即使在应力较低的条件下，不同时刻弱胶结软岩蠕变变形仍然具有较大的差异，且在施加第三级蠕变荷载时其应力-应变关系曲线出现明显的拐点。在施加约第四级荷载时，其拐点处的应变率增大，因此有理由将第三级和第四级荷载之间的应力作为弱胶结软岩的长期强度。径向等时应力-应变关系曲线也具有相同的规律。根据上述等时应力-应变关系曲线可以认为含水率小于 15% 时，其长期强度为 $4.5\sim 8.5$ MPa，为单轴抗压强度的 $60\%\sim 67.8\%$，饱水条件下其长期强度约为 3.5 MPa，为其单轴抗压强度的 60%。

（2）卸围压条件下弱胶结软岩长期强度

图 4-21 至图 4-25 为不同含水条件时卸围压蠕变条件下弱胶结软岩蠕变试验提取的等时应力-应变关系曲线。

与升围压蠕变试验获得的等时应力-应变关系曲线相同,卸围压条件下弱胶结软岩等时应力-应变关系曲线在施加第3级和第4级蠕变荷载时其应力-应变关系曲线出现明显的拐点,因此也将第3级和第4级荷载之间的应力作为弱胶结软岩的长期强度。径向等时应力-应变关系曲线也具有相同的规律。通过上述等时应力-应变关系曲线可得到含水率 $w<15\%$ 时,其长期强度为 $5\sim6.5$ MPa,为单轴抗压强度的 $46\%\sim58.36\%$,饱水条件下其长期强度约为 4 MPa,为其单轴抗压强度的 53.3%。

4.5 弱胶结软岩蠕变本构模型验证

4.5.1 弱胶结软岩蠕变模型的建立

目前常用的组合元件模型包括马克斯韦尔模型、开尔文模型、开尔文-沃伊特模型、伯格斯模型、宾厄姆模型和西原模型等。上述模型具有各自的优点,但都无法描述材料的加速蠕变特征。夏才初等[120]经过总结提出由 H 体、N 体和 C 体 3 种元件进行基本组合得到的蠕变模型可以采用统一蠕变模型表示,如图 4-26 所示,其给出了统一蠕变模型的蠕变方程式[式(4-1)]。

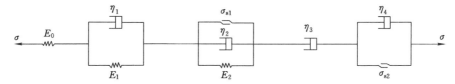

图 4-26 夏才初统一蠕变组合模型

当 $\sigma<\sigma_{s1}$,$\sigma<\sigma_{s2}$ 时:

$$\varepsilon=\frac{\sigma}{E_0}+\frac{\sigma}{E_1}(1-e^{-\frac{E_1}{\eta_1}t})t+\frac{\sigma}{\eta_3}t \tag{4-1a}$$

当 $\sigma_{s1}\leqslant\sigma<\sigma_{s2}$,$\sigma_{s1}<\sigma_{s2}$ 时:

$$\varepsilon=\frac{\sigma}{E_0}+\frac{\sigma}{E_1}(1-e^{-\frac{E_1}{\eta_1}t})t+\frac{\sigma-\sigma_{s1}}{E_2}(1-e^{-\frac{E_2}{\eta_2}})+\frac{\sigma}{\eta_3}t \tag{4-1b}$$

当 $\sigma_{s2}\leqslant\sigma<\sigma_{s1}$,$\sigma_{s2}<\sigma_{s1}$ 时:

$$\varepsilon=\frac{\sigma}{E_0}+\frac{\sigma}{E_1}(1-e^{-\frac{E_1}{\eta_1}t})t+\frac{\sigma}{\eta_3}t+\frac{\sigma-\sigma_{s2}}{\eta_4}t \tag{4-1c}$$

当 $\sigma\geqslant\sigma_{s1}$,$\sigma\geqslant\sigma_{s2}$ 时:

$$\varepsilon=\frac{\sigma}{E_0}+\frac{\sigma}{E_1}(1-e^{-\frac{E_1}{\eta_1}t})t+\frac{\sigma-\sigma_{s1}}{E_2}(1-e^{-\frac{E_2}{\eta_2}})+\frac{\sigma}{\eta_3}t+\frac{\sigma-\sigma_{s2}}{\eta_4}t \tag{4-1d}$$

统一蠕变模型是整数阶元件组合模型发展的完美统一结合体,其不仅可以描述岩土材料的瞬时弹性变形,还可以描述包括黏弹性、黏性、黏塑性以及黏弹塑性特征,可以较为完善地描述岩体材料的复杂蠕变特性。但是由上述岩土蠕变模型可知:上述统一蠕变具有模型元件个数多、参数多、参数获取困难等特征,对于工程应用来说较为复杂,且室内试验对其参数获取也存在一定程度的困难。因此,结合 3.3 节分数阶微积分软件组合模型,建立分数阶弱胶结软岩蠕变本构模型,是岩土蠕变本构发展的一个重要趋势。

陈家瑞等基于破碎软岩蠕变特性试验,提出了在三参量蠕变模型的基础上串联一个分数阶开尔文模型来描述破碎软岩蠕变特性,其建立的元件组合模型如图 4-27 所示,并建立了蠕变本构方程[式(4-2)]。

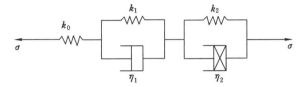

图 4-27　陈家瑞模型

$$\varepsilon(t) = \frac{\sigma_0}{k_0} + \frac{\sigma_0}{k_1}(1 - e^{tk_1/\eta_1}) + \eta^{-1}\sum_{n=0}^{\infty}\frac{(-1)^n}{\Gamma(\alpha n + \alpha + 1)}\left(\eta\frac{t^\alpha}{k_2}\right)^{n+1} \tag{4-2}$$

式(4-2)虽然在描述破碎软岩蠕变特性方面取得了较好的拟合效果,但笔者认为该模型存在无法描述材料塑性变形特征和加速蠕变特征等问题,且式(4-2)的第三项求和公式中 n = 0 到 ∞,实际求解过程中的计算次数也影响模型精度,模型参数有 5 个,相对较多,因此上述分数阶蠕变模型还有改进的空间,故提出了改进的分数阶西原模型,如图 4-28 所示。

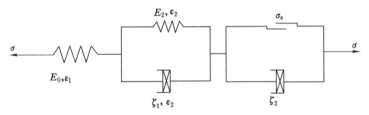

图 4-28　分数阶西原模型

根据元件串并联法则有:

$$\begin{cases}
\sigma = \sigma_1 = \sigma_2 = \sigma_3 \\
\varepsilon = \varepsilon_1 + \varepsilon_2 + \varepsilon_3 \\
\sigma_1 = E_0\varepsilon_1 \\
\sigma_2 = \xi_1\dfrac{d^{(\beta_1)}\varepsilon_2}{dt^{(\beta_1)}} + E_1\varepsilon_2 \\
\sigma_3 = \xi_2\dfrac{d^{(\beta_2)}\varepsilon_3}{dt^{(\beta_2)}} + \sigma_s
\end{cases} \tag{4-3}$$

式中,σ、σ_1、σ_2、σ_3 分别为总应力、弹性段应力、黏弹性开尔文段应力、黏塑性段应力;ε、ε_1、ε_2、ε_3 分别为总应变、弹性段应变、黏弹性开尔文段应变、黏塑性段应变;E_0、E_1 分别为弹性段弹性模量及开尔文段弹性模量;ξ_1、ξ_2 分别为埃布尔黏壶黏滞系数;β_1、β_2 为分数阶微分阶数,其中 $0 < \beta_1 < 1$,$\beta_2 > 1$;σ_s 为岩石材料的长期强度或屈服强度。

对模型采用里尔曼-柳维尔型分数阶微积分算子,整理式(4-3)可得到分数阶西原模型蠕变方程。

当 $\sigma < \sigma_s$ 时:

$$\varepsilon = \frac{\sigma}{E_H} + \frac{\sigma}{\xi_1} \sum_{k=0}^{\infty} \frac{(-1)^k}{\Gamma(\beta_1 k + \beta_1 + 1)} \left(\xi_1 \frac{t^{\beta_1}}{E_K}\right)^{k+1} \quad (0 < \beta_1 < 1) \tag{4-4a}$$

当 $\sigma \geqslant \sigma_s$ 时：

$$\varepsilon = \frac{\sigma}{E_H} + \frac{\sigma}{\xi_1} \sum_{k=0}^{\infty} \frac{(-1)^k}{\Gamma(\beta_1 k + \beta_1 + 1)} \left(\xi_1 \frac{t^{\beta_1}}{E_K}\right)^{k+1} + \frac{\sigma - \sigma_s}{\xi_2} \cdot \frac{t^{\beta_2}}{\Gamma(\beta_2 + 1)} \quad (0 < \beta_1 < 1, \beta_2 > 1) \tag{4-4b}$$

上述模型虽然能描述材料的弹黏塑性特征，但该模型同样具有带有求和项、模型精度难以保证的问题。同时该模型参数包括 E_H、E_K、β_1、β_2、ξ_1、ξ_2 等 6 个参数，相对较多。

基于此本书对上述模型进行了简化，提出采用 H 体-埃布尔黏壶-C|埃布尔黏壶的四元件模型，修正分数阶元件模型如图 4-29 所示。

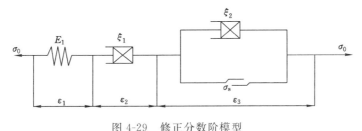

图 4-29　修正分数阶模型

图 4-29 中与弹簧串联的埃布尔黏壶用于表征岩土材料介于理想弹性体和理想流体之间的应力-应变特征（$\beta_1 \leqslant 1$），与塑性软件并联的埃布尔黏壶用于表征岩土材料的加速蠕变特征（$\beta_2 > 1$）。

根据元件组合模型串并联法则有：

$$\sigma_0 = \sigma_1 = \sigma_2 = \sigma_3 \tag{4-5}$$
$$\varepsilon = \varepsilon_1 + \varepsilon_2 + \varepsilon_3 \tag{4-6}$$

式中　σ_1, ε_1——胡克体应力和应变；

　　　σ_2, ε_2——埃布尔黏壶应力和应变；

　　　σ_3, ε_3——塑性元件与埃布尔黏壶并联组合模型的应力和应变。

当 $\sigma_0 < \sigma_s$ 时，$\varepsilon_3 = 0$。

当 $\sigma_0 \geqslant \sigma_s$ 时，有：

$$\frac{\mathrm{d}^{(\beta_2)} \varepsilon_3}{\mathrm{d}t^{(\beta_2)}} = \frac{\sigma_0 - \sigma_s}{\xi_2} \quad (\beta_2 > 1) \tag{4-7}$$

则有：

$$\varepsilon_3 = \frac{\sigma_0 - \sigma_s}{\xi_2} \frac{t^{\beta_2}}{\Gamma(1 + \beta_2)} \quad (\beta_2 > 1) \tag{4-8}$$

式中　σ_s——加速蠕变的启裂应力。

对模型采用里尔曼-柳维尔型分数阶微积分算子，可得到上述修正分数阶微积分四元件模型的蠕变方程。

当 $\sigma_0 < \sigma_s$ 时，有：

$$\varepsilon = \frac{\sigma_0}{E_M} + \frac{\sigma_0}{\xi_1} \frac{t^{\beta_1}}{\Gamma(1 + \beta_1)} \quad (\beta_1 \leqslant 1) \tag{4-9a}$$

当 $\sigma_0 \geqslant \sigma_s$ 时,有:

$$\varepsilon = \frac{\sigma_0}{E_M} + \frac{\sigma_0}{\xi_1}\frac{t^{\beta_1}}{\Gamma(1+\beta_1)} + \frac{\sigma_0 - \sigma_s}{\xi_2}\frac{t^{\beta_2}}{\Gamma(1+\beta_2)} \quad (\beta_1 \leqslant 1, \beta_2 > 1) \qquad (4\text{-}9b)$$

式(4-9a)可描述弱胶结软岩试件瞬态变形和稳态蠕变特征;式(4-9b)可描述弱胶结软岩试件产生的非稳态蠕变特征。同时该模型具有参数少(稳态蠕变 3 个参数,分别为 E_m、ξ_1 和 β_1;非稳态蠕变 5 个参数,分别为 E_m、ξ_1、β_1、ξ_2 和 β_2)。

4.5.2 模型参数识别及分析

利用 MATLAB Cftool 工具箱,编制上述四元件弱胶结软岩分数阶流变模型数学公式,对不同含水条件下弱胶结软岩定围压增轴压蠕变试验结果和定轴压卸围压试验结果进行拟合分析,获得模型参数见表 4-4。

表 4-4 修正分数阶模型参数(升轴压)

试件编号	$w/\%$	σ_0/MPa	E_M/GPa	β_1	$\xi_1/(\text{GPa} \cdot \text{h})$	β_2	$\xi_2/(\text{MPa} \cdot \text{h})$	R^2
RS11		4	2.314	0.193 8	23.02			0.984 3
RS12	18.8	6	3.684	0.305 4	29.05			0.960 9
RS13		8	3.051	0.372 9	33.89			0.955 5
RS14		10	3.322	0.396 6	26.20	4.934 7	39 125 041	0.941 4
RS21		4	2.483	0.199 2	32.08			0.988 4
RS22	18.36	6	3.999	0.365 2	50.90			0.932 0
RS23		8	3.457	0.395 7	36.86			0.987 4
RS24		10	4.644	0.400 3	29.78	3.893 0	36 004 349	0.971 2
RS31		4	2.962	0.206 1	38.66			0.980 7
RS32		6	3.052	0.334 3	70.68			0.989 2
RS33	10	8	3.726	0.483 7	101.91			0.981 0
RS34		10	6.114	0.484 8	56.10			0.963 7
RS35		12	6.559	0.551 3	59.51	3.577 3	39 548 177	0.959 6
RS41		4	3.788	0.216 0	47.43			0.971 0
RS42		6	4.194	0.305 8	117.99			0.982 8
RS43	8.36	8	6.796	0.422 3	142.75			0.980 0
RS44		10	7.201	0.479 6	116.26			0.976 8
RS45		12	7.304	0.492 1	107.15	3.401 7	36 105 439	0.956 2
RS51		4	3.904	0.232 0	59.17			0.973 2
RS52		6	4.777	0.415 5	133.58			0.978 6
RS53	0	8	7.986	0.403 9	151.11			0.964 9
RS54		10	8.443	0.541 7	143.98			0.960 6
RS55		12	13.065	0.471 2	156.90	3.049 5	32 135 712	0.952 6

对表 4-4 中的数据进行统计,如图 4-30 至图 4-34 所示。

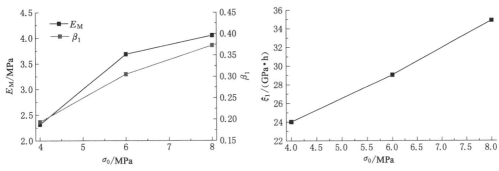

图 4-30　模型参数与控制应力的关系曲线($w=18.8\%$)

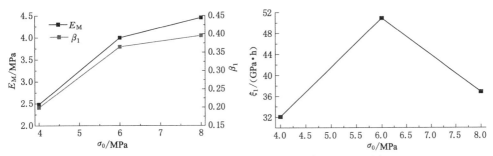

图 4-31　模型参数与控制应力的关系曲线($w=15\%$)

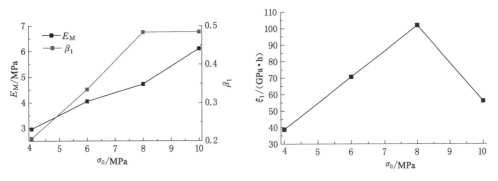

图 4-32　模型参数与控制应力的关系曲线($w=10\%$)

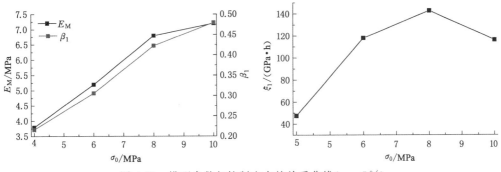

图 4-33　模型参数与控制应力的关系曲线($w=5\%$)

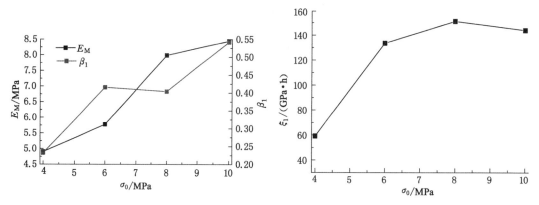

图 4-34 模型参数与控制应力的关系曲线（$w=0\%$）

从图 4-30 至图 4-34 可以看出：含水率条件相同时，随着施加的控制应力 σ_0 的增大，模型参数 E_M 和 β_1 值增大，ξ_1 则无明显的变化规律，似乎与控制应力的关系曲线呈抛物线形状。将上述参数代入式（4-9a）和式（4-9b），即可得到分数阶软岩蠕变模型计算值。

图 4-35 至图 4-39 为采用上述修正分数阶微积分计算模型得到的模型计算值与试验值对比分析结果。

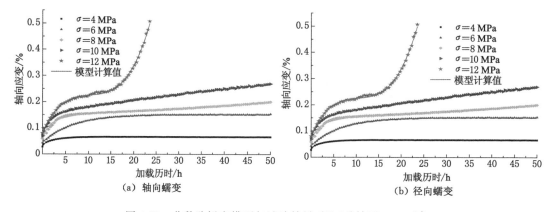

图 4-35 分数阶蠕变模型与试验结果对比（升轴压，$w=0\%$）

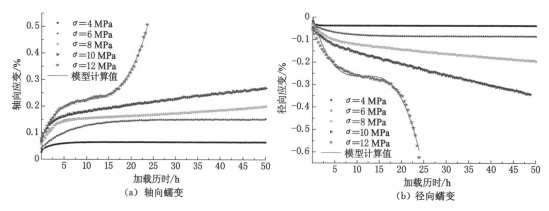

图 4-36 分数阶蠕变模型与试验结果对比（升轴压，$w=5\%$）

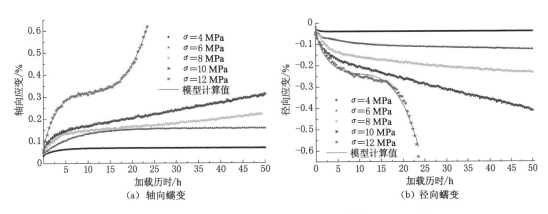

图 4-37　分数阶蠕变模型与试验结果对比（升轴压，$w=10\%$）

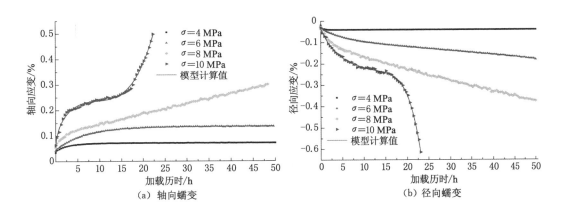

图 4-38　分数阶蠕变模型与试验结果对比（$w=15\%$）

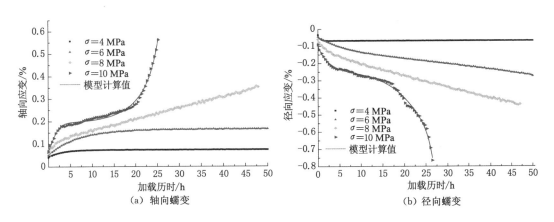

图 4-39　分数阶蠕变模型与试验结果对比（升轴压，$w=18.8\%$）

　　根据前述建立的弱胶结软岩分数阶蠕变本构模型对 4.4.2 节中定围压卸轴压蠕变试验结果进行分析，利用 origin 对模型参数进行识别，得到表 4-5 所示模型参数。

表 4-5　修正分数阶模型参数(卸围压)

试件编号	$w/\%$	$\sigma_3/$MPa	$E_M/$GPa	β_1	$\xi_1/$(GPa·h)	β_2	$\xi_2/$(MPa·h)	R^2
RC11		8	2.111	0.176 0	23.16			0.982 2
RC12	18.8	6	3.344	0.277 7	27.62			0.971 4
RC13		5	3.658	0.339 3	33.67			0.959 2
RC14		4	3.943	0.362 6	24.12	6.093	41 523.6	0.938 0
RC21		8	2.240	0.182 7	30.77			0.984 6
RC22		6	3.602	0.336 8	48.78			0.941 5
RC23	18.36	5	3.062	0.361 3	34.43			0.923 0
RC24		4	3.809	0.378 8	37.54			0.918 7
RC25		2	4.087	0.369 1	28.83	4.497	37 760.2	0.878 1
RC31		8	2.679	0.189 3	36.75			0.999 2
RC32		6	3.684	0.305 9	68.59			0.997 4
RC33	10	5	3.311	0.444 4	98.87			0.949 2
RC34		4	4.571	0.440 4	53.37			0.915 3
RC35		2	4.958	0.499 8	57.05	3.844	36 106.9	0.989 0
RC41		8	3.436	0.197 7	44.58			0.954 5
RC42		6	3.681	0.276 0	113.54			0.946 4
RC43	8.36	5	6.146	0.389 4	138.24			0.941 0
RC44		4	6.523	0.441 4	111.52			0.939 7
RC45		2	6.603	0.446 3	103.49	3.268	35 284.3	0.905 7
RC51		8	3.453	0.209 4	56.76			0.992 3
RC52		6	4.276	0.382 3	128.01			0.966 3
RC53	0	5	7.209	0.367 1	143.18			0.942 2
RC54		4	7.603	0.487 7	137.42			0.936 3
RC55		2	8.836	0.431 0	150.49	3.759	31 153.4	0.923 9

对表 4-5 中的模型参数进行分析,得到不同卸围压条件下 E_m、ξ_1、β_1 等参数的变化规律,如图 4-40 至图 4-44 所示。

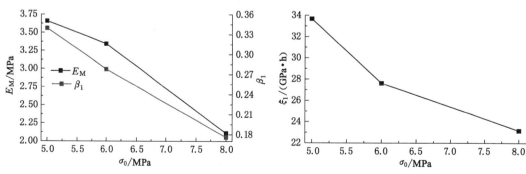

图 4-40　模型参数与控制应力的关系曲线($w=18.8\%$)

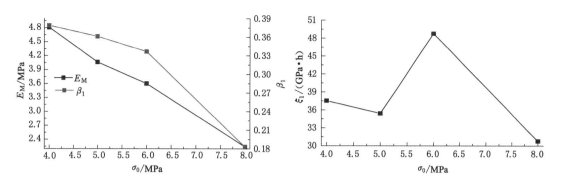

图 4-41　模型参数与控制应力的关系曲线($w=15\%$)

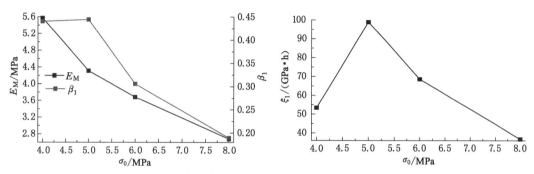

图 4-42　模型参数与控制应力的关系曲线($w=10\%$)

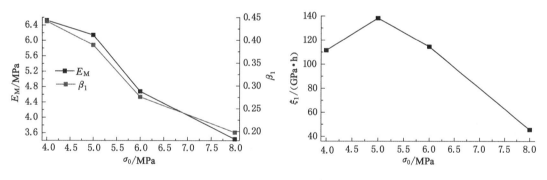

图 4-43　模型参数与控制应力的关系曲线($w=5\%$)

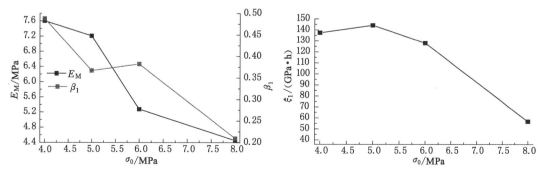

图 4-44　模型参数与控制应力的关系曲线($w=0\%$)

与升轴压蠕变试验类似,模型参数 E_m 和 ξ_1 随围压的增大而降低,即随着控制偏应力的增大而减小,而 β_1 表现出不同的变化规律。当卸围压值超过 5 MPa 时,β_1 随着围压的增大而降低,而围压小于 5 MPa 时,则因含水率不同而表现出不同的变化趋势。除含水率 w =15％的那一组试件外,其余均呈现随围压的增大而增大的趋势。根据表 4-6 中的模型参数计算得到的弱胶结软岩卸围压蠕变模型计算值与试验值对比如图 4-45 至图 4-49 所示。

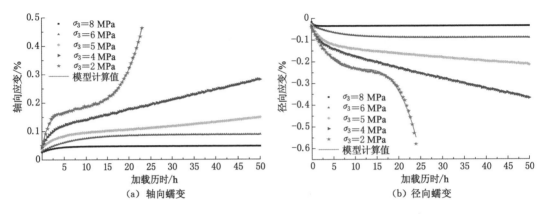

图 4-45　分数阶蠕变模型与试验结果对比(卸围压,w＝0％)

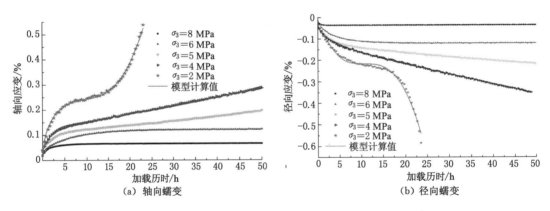

图 4-46　分数阶蠕变模型与试验结果对比(卸围压,w＝5％)

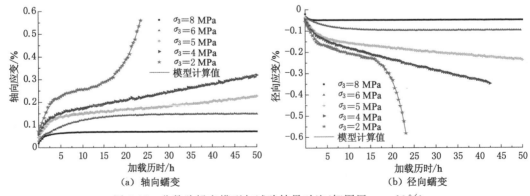

图 4-47　分数阶蠕变模型与试验结果对比(卸围压,w＝10％)

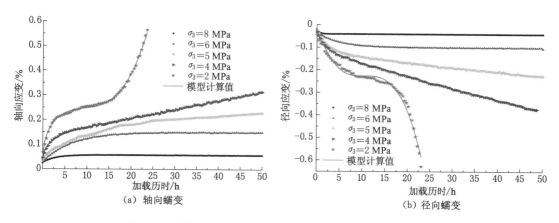

图 4-48　分数阶蠕变模型与试验结果对比（卸围压，$w=15\%$）

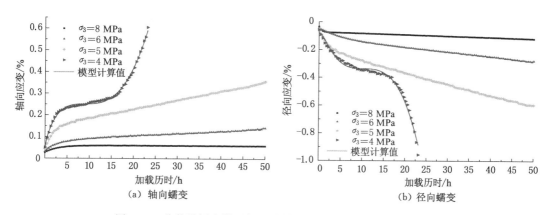

图 4-49　分数阶蠕变模型与试验结果对比（卸围压，$w=18.8\%$）

根据前述图 4-45 至图 4-49 中的模型计算结果与试验结果对比分析，可见本书提出的基于分数阶微积分理论的弱胶结软岩分数阶蠕变本构模型与试验结果拟合程度较好，特别是该模型可以反映岩土材料蠕变过程的瞬时变形、衰减蠕变、等速蠕变和加速蠕变等过程。无论是升轴压蠕变或卸围压蠕变，该模型均可以有效描述。同时该模型对加速蠕变的模拟更具有可靠性和稳定性。

4.6　本章小结

本章主要利用 GDS-HPTAS 软岩三轴蠕变仪进行弱胶结软岩三轴蠕变试验，制定了定围压增轴压和定轴压卸围压三轴蠕变试验方案，获取了不同含水条件时弱胶结蠕变试验轴向、径向蠕变曲线以及长期强度特性，基于分数阶微积分数学模型，建立弱胶结软岩分数阶蠕变本构模型，主要结论如下：

（1）GDS-HPTAS 软岩三轴蠕变仪进行弱胶结软岩三轴蠕变试验，提出两种蠕变试验加载方案，均采用分级加载方式。第一种加载方案为围压固定，轴压增加，第二种加载方案为轴压保持恒定值，围压逐级卸载。获得了定围压增轴压条件下弱胶结软岩轴向和径向蠕变曲线,当轴向控制应力低于屈服应力或者岩体长期强度时,试验结果表明:当围压 $\sigma_3 =$ 4 MPa、轴压 $\sigma < 6$ MPa 时,弱胶结软岩试件在任何含水条件下都表现为稳定型衰减蠕变;当轴压为 8 MPa 时蠕变曲线均包括瞬时变形、衰减蠕变和等速蠕变三个部分。当轴压 $\sigma =$ 10 MPa、含水率 $w \leqslant 10\%$ 时,软岩试件也表现为上述特征;当轴压 $\sigma = 10$ MPa、含水率 $w \geqslant$ 10% 以及轴压 $\sigma = 12$ MPa 的软岩试件蠕变曲线还包括加速蠕变。应力越大,含水率越大,稳态应变持续时间越短。发生加速蠕变的应力条件随试件含水率的增大而降低。总体来说,弱胶结软岩蠕变变形大于瞬时变形。

(2) 定围压增轴压条件下弱胶结软岩轴向和径向蠕变速率曲线表明:每一级荷载作用下,其蠕变速率均是在加载瞬间产生一个较高的应变速率,此阶段对应着试件产生瞬时变形,其后蠕变速率不断降低。瞬时蠕变速率随着加载轴向力的增大而增大;对于衰减蠕变曲线,其速率逐渐衰减至接近于 0,且仅有小幅波动;对于等速蠕变曲线,其蠕变速率在瞬时蠕变完成后逐渐衰减,但衰减后始终保持在每小时 0.008 36% ~ 0.02%,处于等速蠕变阶段;当产生加速蠕变时,蠕变速率在衰减保持稳定蠕变较短的时间后,便开始迅速增大,直至试件破坏。

(3) 定轴压卸围压条件下弱胶结软岩轴向和径向蠕变试验结果与定围压增轴压条件下弱胶结软岩轴向和径向蠕变试验结果类似。弱胶结软岩蠕变曲线基本为 3 阶段蠕变曲线。围压为 8 MPa 时,蠕变曲线仅包括瞬时变形和衰减蠕变;围压卸载至 6 MPa 和 5 MPa 时,蠕变曲线均包括衰减蠕变和等速蠕变,但蠕变速率相对较低,蠕变变形速率始终小于 0.02 % · h^{-1},仍处于稳定蠕变阶段;围压卸载至 4 MPa 时,弱胶结软岩试件发生等速蠕变,速率约为 0.028 36% · h^{-1};围压卸载至 2 MPa 时,蠕变曲线除了包括衰减蠕变、等速稳定蠕变,还包括加速非稳定蠕变,无论试件含水条件如何,均发生加速蠕变。

(4) 采用等时应力-应变关系曲线方法获得不同含水条件时弱胶结软岩等时应力-应变关系曲线,结果表明:升轴压蠕变时,不同时刻弱胶结软岩蠕变变形具有较大的差异,且在施加第 3 级蠕变荷载时其应力-应变关系曲线出现明显的拐点。在施加第 4 级荷载时,其拐点处的应变率增大,因此将第 3 级和第 4 级荷载之间的应力作为弱胶结软岩的长期强度值。通过上述等时应力-应变关系曲线得到含水率小于 15% 时,其长期强度为 4.5 ~ 8.5 MPa,为单轴抗压强度的 60% ~ 67.5%,饱水条件下其长期强度约为 3.5 MPa,为其单轴抗压强度的 60%。卸围压条件时,含水率 $w < 15\%$ 时,其长期强度为 5 ~ 6.5 MPa,为单轴抗压强度的 46% ~ 55%,饱水条件下其长期强度约为 4 MPa,为其单轴抗压强度的 53.3%。

(5) 基于分数阶微积分理论、元件组合模型理论和试验结果,提出采用 H 体-埃布尔黏壶-C|埃布尔黏壶的四元件模型模拟分析弱胶结软岩蠕变特性。利用 Origin 中数学回归分析了功能计算得到了四元件模型参数,给出了模型参数随试验条件的变化规律。利用上述四元件分数阶软岩蠕变模型对定围压升轴压和定轴压卸围压两种试验条件下的蠕变试验结果进行了对比分析。试验结果表明:四元件分数阶软岩蠕变模型可以较为精确地模拟瞬时变形、衰减蠕变、等速蠕变和加速蠕变蠕变全过程,与试验结果具有较好的一致性。

5 考虑主应力轴旋转的弱胶结软岩力学特性研究

5.1 概述

随着"一带一路"的提出,我国西部弱胶结软岩地区矿井建设、石油开采和边坡治理等重大基础工程日益增加,对软弱岩体的力学性质研究提出了更高的要求。深入研究复杂应力状态下弱胶结软岩强度和变形特征,正确认识岩体工程中存在的应力主轴旋转问题及其对岩体工程稳定性的影响是提高设计可靠性和保证施工安全的基础,也是安全高效开展相关工程建设的前提。

近年来我国新疆伊犁一矿、内蒙古红庆梁煤矿等西部地区弱胶结软岩矿山工程发生了多次围岩不均匀变形、塌方和冒顶等事故,都涉及工程开挖卸荷后围岩应力大小和方向重新调整所诱发的工程灾害。在 2015 年"陈宗基讲座"中谢和平院士呼吁发展采动岩体力学,即考虑原位应力状态和开采应力路径的影响,创立新的过程行为力学理论,将工程扰动过程与岩体力学响应结合起来开展研究。郑颖人等提出了考虑应力主轴旋转的广义塑性力学。由此可见:地下工程开挖卸荷和支护过程等将改变岩体原有的应力状态和应力路径,影响围岩力学响应、裂隙扩展方向和扩展深度,甚至产生裂缝贯穿进而引发地下硐室失稳、基坑失效和滑坡等工程灾害,从而造成巨大的经济损失。因此,主应力轴旋转条件下弱胶结软岩力学行为及相应的本构理论研究是解决弱胶结软岩工程建设的基础和关键。

5.2 开挖扰动应力路径数值模拟

5.2.1 数值模型的建立

以某圆形隧道开挖工程地质条件为背景,利用 MiDAS/GTS 建立三维数值计算模型研究隧道开挖过程中围岩扰动应力路径演化规律,数值计算模型如图 5-1 所示。围岩采用弹塑性 M-C 强度准则,地层岩体力学参数见表 5-1。数值模型尺寸为 32 m×44 m×60 m,隧道半径为 3.0 m。模型四周采用位移边界约束,上部为自由边界,初始应力场设置为 $\sigma_1=45$ MPa, $\sigma_2=40$ MPa, $\sigma_3=30$ MPa。在 $y=30$ m 位置处($x=0$, $z=0$)设置监测断面,监测点位于该断面的顶板、底板和左帮。隧道沿 y 轴方向(σ_2 方向)开挖,开挖步长为 2 m,总计 30 个开挖步。

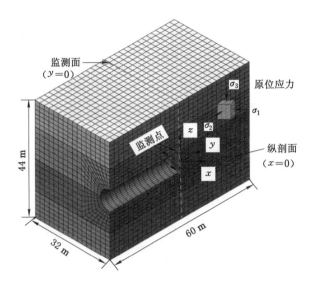

图 5-1　三维数值计算模型及监测点布置

表 5-1　围岩物理力学参数

岩体属性	重度 $\gamma/(\mathrm{kN/m^3})$	弹性模量 E/GPa	泊松比 u	黏聚力 c/MPa	内摩擦角 $\varphi/(°)$	抗压强度 σ_c/MPa	抗拉强度 σ_t/MPa
粉砂岩	23.6	12.36	0.29	2.48	38.2	24.36	1.62
泥岩	24.1	5.42	0.30	3.47	40.3	18.49	1.41
砂质泥岩	23.8	6.31	0.29	3.43	42.4	25.68	1.72
中砂岩	24.5	18.18	0.28	4.16	43.2	27.72	1.86

5.2.2　主应力大小和方向

有限元数值计算可得到单元体的应力,包括 $S_{xx}(\sigma_x)$,$S_{yy}(\sigma_y)$,$S_{zz}(\sigma_z)$,$S_{xy}(\tau_{xy})$,$S_{yz}(\tau_{yz})$ 和 $S_{zx}(\tau_{zx})$ 6 个应力分量。单元体主应力的大小可以通过求解应力张量的特征方程得到:

$$\sigma^3 - I_1\sigma^2 - I_2\sigma - I_3 = 0 \tag{5-1}$$

式中,I_1,I_2,I_3 称为应力张量不变量,其中 $I_1 = \sigma_x + \sigma_y + \sigma_z$,$I_2 = -(\sigma_x\sigma_y + \sigma_y\sigma_z + \sigma_z\sigma_x) + \tau_{xy}^2 + \tau_{yz}^2 + \tau_{zx}^2$,$I_3 = \sigma_x\sigma_y\sigma_z$。

应力偏张量 S_{ij} 表示为:

$$S_{ij} = \sigma_{ij} - \sigma_m\delta_{ij} \tag{5-2}$$

式中,$\sigma_m = \dfrac{1}{3}(\sigma_x + \sigma_y + \sigma_z)$。

$$\delta_{ij} = \begin{cases} 1 & (i=j) \\ 0 & (i \neq j) \end{cases}$$

用应力偏量 S_x,S_y 和 S_z 代替式(5-1)中主应力 σ_x,σ_y 和 σ_z,则应力偏张量不变量为:

$$J_1 = S_x + S_y + S_z = 0$$

$$J_2 = -(S_xS_y + S_yS_z + S_zS_x) + \tau_{xy}^2 + \tau_{yz}^2 + \tau_{zx}^2 = \frac{1}{2}S_{ij}S_{ij}$$

$$J_3 = S_x S_y S_z + 2\tau_{xy}\tau_{yz}\tau_{zx} - S_x\tau_{yz}^2 - S_y\tau_{zx}^2 - S_z\tau_{xy}^2 = \frac{1}{3}S_{ij}S_{jk}S_{ki}$$

应力张量的主方向和应力偏张量的主方向重合,即

$$\begin{cases} (\sigma_x - \sigma)l + \sigma_{xy}m + \sigma_{xz}n = 0 \\ \sigma_{xy}l + (\sigma_y - \sigma)m + \sigma_{yz}n = 0 \\ \sigma_{zx}l + \sigma_{zy}m + (\sigma_z - \sigma)n = 0 \end{cases} \tag{5-3}$$

式中,$l^2 + m^2 + n^2 = 1$。

罗德角 $\theta_\sigma = \dfrac{1}{3}\arcsin\left(\dfrac{3\sqrt{3}}{2}\dfrac{J_3}{J_2^{3/2}}\right)$,则主应力大小为:

$$\begin{bmatrix} \sigma_1 \\ \sigma_2 \\ \sigma_3 \end{bmatrix} = \frac{2\sqrt{J_2}}{\sqrt{3}} \begin{bmatrix} \sin\left(\theta_\sigma + \dfrac{2}{3}\pi\right) \\ \sin\theta_\sigma \\ \sin\left(\theta_\sigma + \dfrac{2}{3}\pi\right) \end{bmatrix} + \begin{bmatrix} \sigma_m \\ \sigma_m \\ \sigma_m \end{bmatrix} \tag{5-4}$$

将式(5-4)代入式(5-3)可求得主应力的方向为:

$$\begin{cases} l = \dfrac{|\tau_{xy}\tau_{yz} - \tau_{xz}(\sigma_y - \sigma_i)|}{\sqrt{[\tau_{xy}\tau_{yz} - \tau_{xz}(\sigma_y - \sigma_i)]^2 + [\tau_{xy}\tau_{xz} - \tau_{yz}(\sigma_x - \sigma_i)]^2 + [(\sigma_x - \sigma_i)(\sigma_y - \sigma_i) - \tau_{xy}^2]^2}} \\ m = \dfrac{\tau_{xz}\tau_{xy} - \tau_{yz}(\sigma_x - \sigma_i)}{\tau_{xz}\tau_{yz} - \tau_{xz}(\sigma_y - \sigma_i)}l \\ n = \dfrac{(\sigma_x - \sigma_i)(\sigma_y - \sigma_i) - \tau_{xy}^2}{\tau_{xy}\tau_{yz} - \tau_{xz}(\sigma_y - \sigma_i)}l \end{cases}$$

$$\tag{5-5}$$

5.2.3　主应力大小和方向演化规律

根据式(5-4)和式(5-5)即可计算得到地下工程开挖扰动过程中围岩主应力大小和方向演化规律,如图 5-2 所示。为了在统一坐标范围内表述大、中、小主应力的变化规律,将大、中、小主应力归一化处理,绘制 σ_1/σ_{10}-L、σ_2/σ_{20}-L 和 σ_3/σ_{30}-L 关系曲线。同时,图 5-2 中 α 表示大主应力在 xOz 平面上的旋转角,β 表示中主应力在 yOz 平面上的旋转角,且以顺时针为正方向,逆时针为负方向。开挖扰动过程中围岩主应力大小变化曲线如图 5-2 所示。围岩主应力方向变化曲线如图 5-3 所示。

从图 5-2(a)可以看出:距监测面-14 m 范围以外,底板围岩主应力大小和方向均保持稳定。当开挖面推进至-14~-6 m 时,大主应力缓慢增大至约 1.02 倍,中主应力增大 1.08 倍,小主应力减小至 0.93 倍;在开挖面推进至-6~6 m 范围以内(左右各 1D)时大主应力突然增大至 1.64 倍,中主应力先降低至 0.78 倍(监测面位置),之后缓慢恢复至初始应力大小,小主应力锐减至 0.11 倍;在开挖面推进至距离监测面 6 m 范围以外时,大主应力稳定至 1.66 倍,中主应力稳定至 1.0 倍,小主应力稳定至 0.07 倍。

从图 5-2(b)可以看出:距监测面-16 m 范围以外时,帮部围岩大主应力大小和方向均保持稳定。开挖面推进至-16~-2 m 时,大主应力缓慢减小至 0.96 倍。推进至-2~2 m 时,主应力增大至 1.02 倍,之后保持稳定最终为 0.98 倍;开挖面推进至-16~-4 m 时,中主应力缓慢增大至 1.08 倍。推进至-4~0 m 时,中主应力减小至 0.83 倍,推进至 0~6

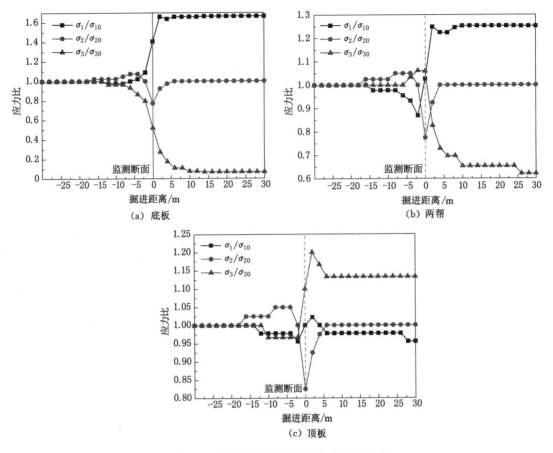

图 5-2　开挖扰动围岩主应力大小变化曲线

m 时,恢复至 1.0 倍,之后至开挖结束始终保持稳定;距监测面－12 m 以外时,小主应力大小保持稳定。开挖面推进至－12～－2 m 时小主应力减小为 0.97 倍。推进至－2～2 m 时,小主应力突增至 1.20 倍,推进至 2～6 m 时恢复至 1.13 倍,之后保持稳定。

　　从图 5-2(c)可以看出:距监测面－16 m 范围以外时,大主应力大小保持稳定。开挖面推进至－16～－2 m 时,大主应力缓慢减小至 0.87 倍,其中－14～－8 m 倍 0.98 为,－8～－2 m 时线性降低至 0.87 倍。工作面推进至－2～－2 m 时,大主应力由 0.87 增至 1.25 倍,之后保持稳定;距监测面－18 m 范围以外时,中主应力大小保持稳定。开挖面推进至－18～－4 m 时,中主应力缓慢增至 1.05 倍。推进至－4～0 m 时,中主应力突然降至 0.78 倍。推进至 0～4 m 时,中主应力恢复到初始大小,之后保持恒定。距监测面－6 m 以外时,小主应力大小保持稳定。推进至－6～0 m 以内时,小主应力线性增至 1.06 倍。推进至 0～10 m 时,小主应力由 1.06 急速降低至 0.65 倍,之后保持恒定。最终开挖完成后,小主应力为初始值的 0.62 倍。

　　从图 5-3(a)可以看出:在开挖面推进至－6 m 时底板大主应力方向旋转角 α 开始缓慢旋转,推进至距监测面 2 m 位置时,α 顺时针旋转约 6.08°,之后随着工作面的推进出现轻微波动;推进至 14 m 时保持不变,约为 6.35°;中主应力方向旋转角 β 在开挖面推进至－14 m 时开始出现较大幅度逆时针旋转,推进至－4 m 时,β 逆时针旋转约－40.73°,之后随着工作

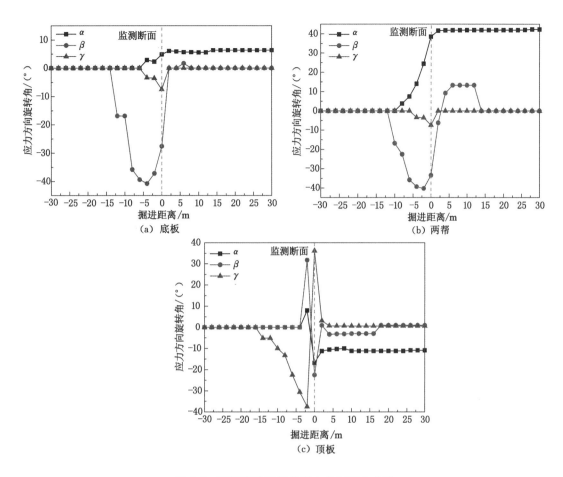

图 5-3 开挖扰动围岩主应力方向变化曲线

面的推进,β 再次出现顺时针旋转。至工作面推进至 2 m 时,恢复到初始方向,之后保持稳定。小主应力方向旋转角 γ 在开挖面推进至 −6 m 时开始缓慢旋转,至监测面位置约逆时针旋转了 −7.47°,推进至 2 m 范围以外时 γ 恢复至初始位置。

从图 5-3(b)可以看出:距监测面 −10 m 以外时,两帮大主应力方向保持稳定。开挖面推进至 −10～2 m 时,大主应力方向旋转角 α 线性顺时针旋转至 41.61°,工作面推进至距监测面 2 m 以外时,α 保持稳定,约为 42°;中主应力方向变化趋势为:距监测面 −12 m 范围以外时中主应力方向保持稳定。开挖面推进至 −12～−2 m 时,中主应力方向逆时针旋转至 −40.27°。在 −2～6 m 时,中主应力方向顺时针旋转至 13.28°,之后保持稳定。当工作面推进至距监测面 12 m 以外时,β 再次恢复到初始位置,保持不变;小主应力方向变化趋势为:距监测面 −6 m 以外时,小主应力方向保持稳定。开挖面推进至 −6～0 m 时,小主应力逆时针旋转至 −7.47°。推进至 2 m 以外时,γ 恢复至初始位置。

从图 5-3(c)可以看出:距监测面 −4 m 以外时,顶板大主应力方向保持稳定。开挖面推进至 −4～4 m 时,大主应力方向出现了突变,α 先是由 0° 顺时针旋转至 7.97°(−2 m 位置),之后突然逆时针旋转至 16.85°(0 m 位置),然后再顺时针旋转 5.61°(2 m 位置),之后微幅波动,α 稳定在 −11° 左右。中主应力方向变化趋势为:距监测面 −4 m 以外时,中主应力方向保持稳定。开挖面推进至 $-4\sim4$ m 时,中主应力方向出现了突变,β 先是由 0°突然顺时针旋转至 31.72°(-2 m 位置),之后突然逆时针旋转至 22.50°(0 m 位置),然后再顺时针旋转至初始位置(0°)。之后再保持微幅的逆时针旋转至 -3°左右,在工作面推进至距离监测面 18 m 位置处,中主应力再次恢复到初始方向。小主应力方向的变化趋势为:距监测面 -16 m 以外时,小主应力大小保持稳定。$-16\sim-2$ m 时,小主应力方向逆时针旋转至 37.53°,且越靠近监测面小主应力方向改变量越大。工作面推进至 $-2\sim2$ m 时,小主应力方向出现了突变,γ 先是由 -37.53°顺时针突然旋转至 36.17°(0 m 位置处),之后急速在逆时针旋转 33°(2 m 位置处),然后再恢复到初始方向。

综上可以看出:开挖卸荷打破了地下工程岩体原有的应力状态,导致底板、帮部和顶板围岩主应力大小和方向发生了改变,特别是在 2D 范围内,主应力大小和方向变化十分剧烈。

5.3 主应力旋转下试验简介

5.3.1 试件制备

弱胶结软岩主要为泥质胶结,具有强度低,易风化,胶结性差,遇水易泥化、崩解和扰动敏感等特性,原状弱胶结软岩存在制样和成型困难等缺点。为表征黏土矿物含量对弱胶结软岩强度特性和遇水软化特性的影响,选取风积砂作为碎屑矿物,水泥作为胶结剂,采用钠基膨润土表征黏土矿物含量对弱胶结软岩吸水软化特性的影响。上述 3 种材料按质量比 $m_{砂}:m_{水泥}:m_{膨润土}=1:0.5:0.3,1:0.5:0.5,1:0.5:0.7$ 和 $1:0.5:0.9$ 分别制备直径为 50 mm、高度为 100 mm 的标准圆柱试件,水灰比控制为 1:1,如图 5-4 所示。

| (a) 原材料 | (b) 单轴试件 | (c) 空心圆柱试件 |

图 5-4 类软岩试件制作

利用 WDW-300 型万能试验机对制备的类弱胶结软岩试件进行单轴压缩试验,试验加载速率为 0.1 mm/min,试验结果如图 5-5 所示。

由图 5-5 可知:随着荷载的增大,类弱胶结软岩试件经历了孔隙压密变形、线弹性变形、塑性屈服和应变软化四个阶段,与软岩单轴压缩特征相符。膨润土质量比 s 为 0.3,0.5,

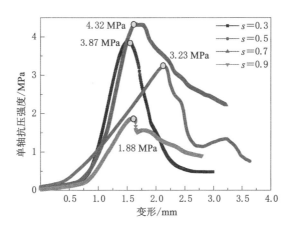

图 5-5　类弱胶结软岩单轴压缩试验曲线

0.7 和 0.9 时,试件的单轴抗压强度分别为 4.32 MPa、3.87 MPa、3.23 MPa 和 1.88 MPa。可以看出:膨润土的含量为 0.3～0.5 时强度降低幅度有限,而当膨润土含量超过 0.9 时,试件强度明显降低,仅为 $s=0.3$ 时的 40% 左右。

5.3.2　试验设备

GDS 空心圆柱试验系统主要由加载系统、控制系统和数据采集系统组成,通过水压/体积控制器可独立控制和测量围压和反压(体积),通过轴向驱动器和传感器可控制和测量轴压和轴向变形参数,设备轴向力为 10 kN,扭矩为 100 N·m,内外围压可达 3 MPa。空心圆柱试验系统可独立地控制空心圆柱试件的轴力 W、扭矩 W_T 以及土样的内压 p_i、外压 p_0 4 个力学加载参数,进而可以控制轴向应力 σ_z、切向应力 σ_θ、径向应力 σ_r 和剪应力 $\tau_{z\theta}$,实现主应力方向的旋转,如图 5-6 所示。

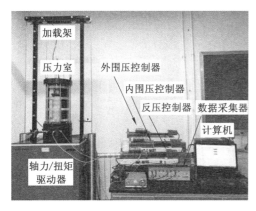

（a）GDS空心圆柱扭剪仪

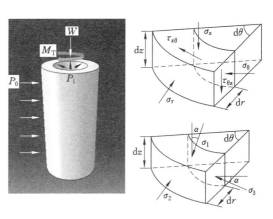

（b）空心圆柱试件受力示意图

图 5-6　空心圆柱试件示意图

5.4 定向剪切条件下弱胶结软岩的试验结果与规律分析

5.4.1 试验方案

为研究定向剪切条件下应力、应变变化规律及非共轴特性,进行了 2 组试验,具体应力路径见表 5-2。第 1 组为定向剪切试验,在中主应力系数 $b=0.5$ 情况下,主应力旋转角 α 分别为 $0°$、$30°$、$60°$ 和 $90°$,增大剪应力 q 直到试件破坏时停止试验。定向剪切试验主要研究不同主应力旋转角时弱胶结软岩的应变规律和非共轴特性。

表 5-2　定向剪切试验

试件编号	含水率/%	$\alpha/(°)$	b	q/MPa
FS1		0	0.5	
FS2	8.36%	30	0.5	
FS3		60	0.5	
FS4		90	0.5	从 0 开始增大至破坏
FS5		0	0.5	
FS6	12.42%	30	0.5	
FS7		60	0.5	
FS8		90	0.5	

5.4.2 应力路径

不同含水率时软岩试件的定向剪切试验所遵循的应力路径如图 5-7 所示。图 5-7(a) 和图 5-7(b) 显示了从天然状态下软岩试件和浸水 9 周弱胶结软岩试件的试验中获得的结果。由于该装置不能进行位移控制,所有试验都采用应力控制方法,所以这些数据点只显示了试件失败前的数据。从图 5-7 可以看出:主应力方向角分别为 $0°$ 和 $30°$,试件破坏时的偏应力 q 较大,试件破坏时的最小偏应力 q 在主应力方向角为 $90°$ 时取得。比较图 5-7(a) 和图 5-7(b) 可知:试件含水率越小,破坏时的偏应力 q 越大。破坏强度主要受加载方向的影响,主应力旋转角越大,试件的抗剪强度越小。

5.4.3 加载方向对应力分量的影响

不同含水率条件下取 4 个试验进行比较分析,如图 5-8 和图 5-9 所示,分别为主应力方向角 α 等于 $0°$、$30°$、$60°$、$90°$,选择这些角度是因为它们的特殊性——试件分别处于纯压缩、纯扭转、剪切强度最低和纯拉伸的应力状态。弱胶结软岩破坏形态如图 5-8 所示。

天然状态下软岩与浸水 9 周软岩试件剪应力 $(\tau_{z\theta})$ 和轴向力 (σ_z) 随偏应变变化规律如图 5-9 和图 5-10 所示。由图 5-9 和图 5-10 可知:最大剪应力 $(\tau_{z\theta})$ 出现在主应力方向角 α 等于 $30°$ 的试验中,α 小于 $30°$ 时剪应力随 α 增大而增大,α 大于 $30°$ 时剪应力随 α 增大而减小。最大轴向力 (σ_z) 出现在 α 等于 $0°$ 时,轴向力与 α 表现为正比关系。还可以发现:当 α 等于 $0°$

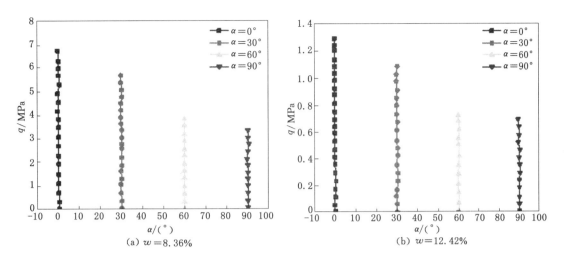

（a）w=8.36%　　　　　　　　　（b）w=12.42%

图 5-7　不同含水率时的定向剪切应力路径

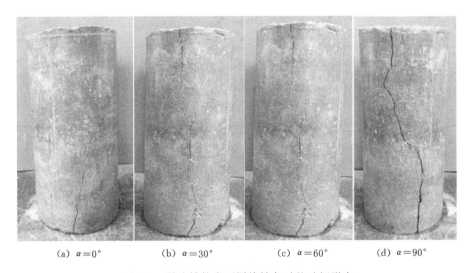

（a）α=0°　　　（b）α=30°　　　（c）α=60°　　　（d）α=90°

图 5-8　弱胶结软岩不同旋转角时的破坏形态

时,偏应变较大,这是因为试件在承受轴向压缩荷载时破坏的过程是缓慢的,即产生较大的应变,而当试件承受扭转荷载和拉伸荷载时,破坏迅速产生,破坏时的变形较小。

5.4.4　不同含水率时应变分量变化规律

定向剪切时偏应变随 α 变化曲线如图 5-11 所示,主应力旋转角和偏应力作用相同时,弱胶结软岩的偏应变更大。在中主应力系数为 0.5 的条件下,由图 5-11(a)可知,当 α=0°,α=30°和 α=60°时,试件处于压缩状态。当 α=0°时,偏应变最大达到 0.67%;α=30°和 α=60°时,剪应力对偏应变影响不大,偏应变最大可达 0.41%。α=90°时,软岩试件处于拉伸状态。由图 5-11(b)可知:相比于图 5-11(a),弱胶结软岩的偏应变更大。当 α=60°和 α=90°时,试件处于拉伸状态,当剪应力达到 2 MPa 时,试件破坏,随着剪应力

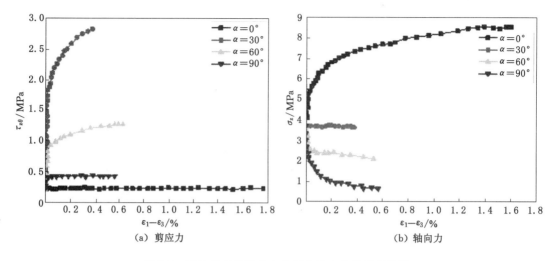

图 5-9　天然状态软岩应力分量和偏应变的关系曲线

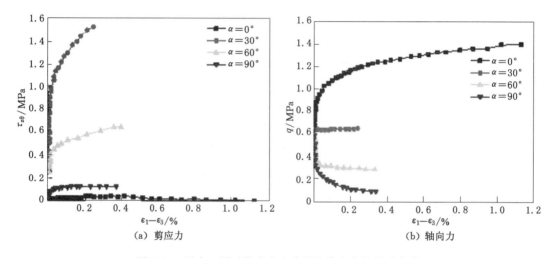

图 5-10　浸水 9 周时软岩应力分量和偏应变的关系曲线

的不断增大,偏应变为受拉更显著。

图 5-12 为定向剪切时扭剪应变随 α 的变化曲线,不同主应力旋转角时,扭剪应变随着剪应力的增大而增大且弱胶结软岩的变形更大。天然软岩与弱胶结软岩的扭剪应变曲线变化规律大致相同,$\alpha=0°$ 和 $\alpha=90°$ 时,由于试件处于纯压缩和纯拉伸状态,扭剪应力 $\gamma_{z\theta}$ 为 0。当主应力方向角 α 固定在 30° 时,扭剪应变正向发展,试件被压缩,破坏时扭剪应变分别为 1.3% 和 1.8%,说明主应力方向角 α 相同时,相比于天然软岩,弱胶结软岩的扭剪变形更大。

综上可知:在定向剪切过程中软岩含水率对应变的发展起主要作用,由于软岩是具有特殊工程地质特征和物理力学性质的岩体。它具有强度低,强度衰减快,遇水软化、崩解、泥化,有明显的膨胀性、蠕变性等特点。因此,在弱胶结软岩矿井建设中,对其变形应实时监测。

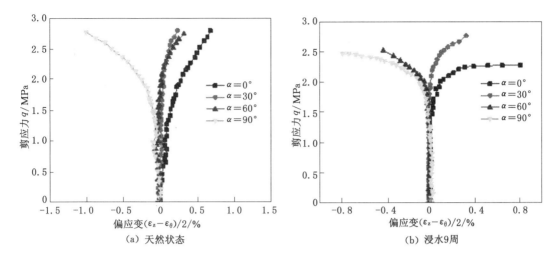

图 5-11　定向剪切时偏应变随 α 的变化曲线

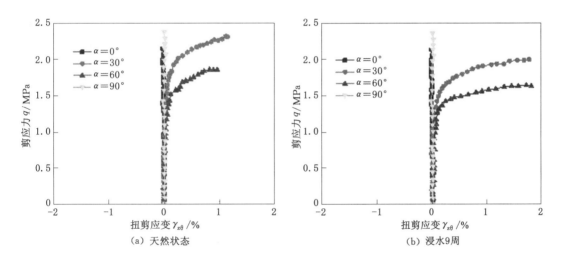

图 5-12　定向剪切时扭剪应变随 α 的变化曲线

5.4.5　体应变变化规律

图 5-13 为主应力定向剪切过程中弱胶结软岩试件体应变曲线,其中图 5-13(a)为天然状态,图 5-13(b)为浸水状态。由图 5-13 可知:定向剪切应力路径下,天然状态和浸水状态的试件在荷载作用初始阶段发生了体缩。但天然状态的岩石试件在三轴压缩($\alpha=0°$)时压缩后发生了膨胀,浸水状态的试件 $\alpha=0°$ 和 $\alpha=30°$ 时,试件在剪切开始时体积略微收缩,然后体积开始膨胀直到破坏。当主应力轴旋转角 $\alpha=60°$ 和 $\alpha=90°$ 时,试件在扭转和拉伸作用下破坏,加载过程中试件表现为体缩。综上可知:当主应力旋转角较小($\alpha=30°$)时,试件表现为体缩到剪胀的转变,而 $\alpha\geqslant60°$ 时试件以体缩为主,即试件在受压状态下体缩。

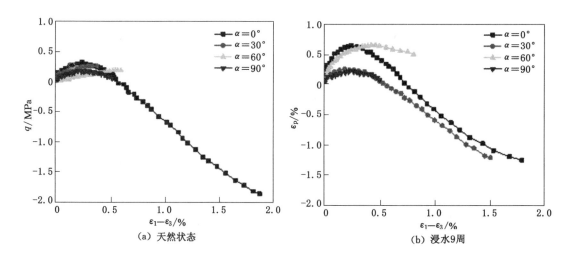

图 5-13　体应变变化曲线

5.4.6　定向剪切作用下弱胶结软岩非共轴特性

　　天然状态下软岩在定向剪切过程中非共轴角与剪应力的关系曲线如图 5-14 所示,在天然状态下软岩的非共轴角 β 分布在 0°左右,无论主应力轴旋转角 α 和剪应力 q 如何变化,天然软岩未发现其非共轴特性。

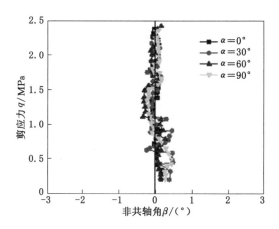

图 5-14　天然状态下软岩非共轴角和剪应力在定向剪切作用下的关系曲线

　　图 5-15 为弱胶结软岩在定向剪切过程中非共轴角与剪应力的关系曲线。当主应力轴旋转角 $\alpha=0°$ 和 $\alpha=90°$ 时,非共轴角 β 在 0°附近波动,偏差很小,最大偏差为 0.5°,此时试件处于纯压缩和纯拉伸状态,大主应变沿垂直方向发展,其主应力方向与主应变增量方向是共轴的。当 $\alpha=30°$ 时,非共轴角最大为 3.1°。当 $\alpha=60°$ 时,非共轴特性不明显,非共轴角 β 最大为 2.4°。研究结果表明:当 $\alpha=30°$ 和 $\alpha=60°$ 时,非共轴角 β 在定向剪切起始阶段较大,随着荷载的不断增大逐渐减小到 0°附近,当试件接近破坏时,剪应力 $q=2$ MPa。试件破坏,其主应力方向与主应变增量方向趋于共轴。

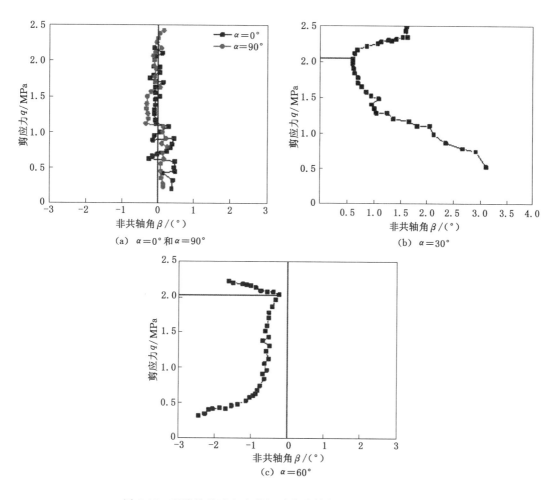

图 5-15　弱胶结软岩定向剪切时非共轴角与剪应力关系曲线

5.5　纯主应力旋转条件下弱胶结软岩试验结果及规律分析

5.5.1　试验方案

第 2 组为纯主应力旋转试验,试验结果见表 5-3,在偏应力 $q = 1.5$ MPa 作用下,中主应力系数 b 分别为 0、0.5 和 1,分别对天然软岩和弱胶结软岩进行纯主应力旋转试验。该试验主要研究纯主应力轴旋转条件下弱胶结软岩应变及非共轴角的变化规律,以及中主应力系数 b 对应变分量和非共轴特性的影响。

表 5-3　纯主应力轴旋转试验结果

试验编号	含水率/%	$\alpha/(°)$	b	q/MPa
Rq1			0	0.5
Rq2			0	1
Rb1	8.36%	0～90	0	1.5
Rb2			0.5	1.5
Rb3			1	1.5
Rq3			0	0.5
Rq4			0	1
Rb4	12.42%	0～90	0	1.5
Rb5			0.5	1.5
Rb6			1	1.5

5.5.2　应力路径

纯主应力轴旋转应力路径理论上是以偏应力 q 为半径,原点为圆心的半圆。图 5-16 所示为由试验结果得到的实际应力路径。由图 5-16 可知:该系列试验应力路径得到了很好的控制,试验结果具有可靠性。

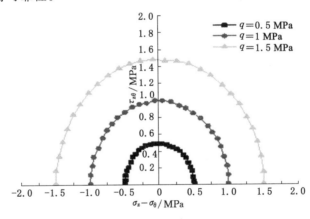

图 5-16　试验实际应力路径

5.5.3　偏应力水平对应变分量的影响

图 5-17 为不同偏应力作用下各应变分量变化曲线。

在天然状态下中主应力系数 $b=0$ 时,轴向应变(ε_z)、径向应变(ε_r)、环向应变(ε_θ)、剪应变($\gamma_{\theta z}$)随主应力轴旋转变化规律如图 5-17 所示。由图 5-17 可知:轴向应变(ε_z)和环向应变(ε_θ)是一对作用恰好相反的应变,轴向应变(ε_z)减小,则环向应变(ε_θ)增大,这是因为应力主轴从垂直方向旋转到水平方向时,轴向应力(σ_z)不断减小,环向应力(σ_θ)不断增大,进而导致轴向应变(ε_z)由压应变逐渐变成拉应变,环向应变(ε_θ)由拉应变逐渐变成压应变。当主应力轴旋转角等于 45°时,轴向应变(ε_z)等于环向应变(ε_θ);主应力轴旋转角大于 45°

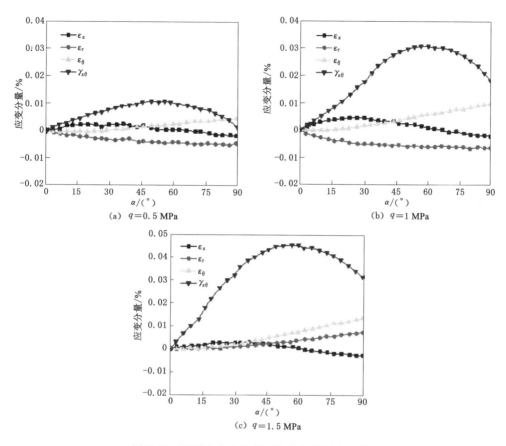

图 5-17　不同偏应力作用下各应变分量变化曲线

时,轴向应变(ε_z)小于环向应变(ε_θ);主应力轴旋转角小于 45°时,轴向应变(ε_z)大于环向应变(ε_θ)。主应力轴旋转过程中,径向应变(ε_r)主要表现为拉应变,剪应变($\gamma_{z\theta}$)主要表现为压应变。偏应力为 0.5 MPa、1 MPa、1.5 MPa 时对应的峰值剪应变分别为 0.01%、0.03%、0.045%。由此可知:峰值剪应变与偏应力水平成正比,偏应力越大,则峰值剪应变越大,峰值剪应变对应的主应力轴旋转角大约为 60°。剪应变随主应力轴旋转先增大后减小的,当偏应力 $q=0.5$ MPa 时且 $\alpha<60°$ 时剪应变随着主应力旋转角的增大而增大。当 $\alpha=60°$ 时剪应变达到峰值。当 $\alpha>60°$ 时剪应变随着主应力旋转角的增大而减小,最终减至 0,表现为可恢复的弹性变形。当偏应力 $q=1$ MPa 和 $q=1.5$ MPa 时,剪应变达到峰值后减小但未减小到 0,说明试件产生了不可恢复的塑形变形。

由图 5-17 还可以看出:剪切变形是主要变形,而轴向应变、径向应变、环向应变都很小。偏应力增大到 1 MPa 时,径向应变由拉应变变为压应变。偏应力增大,轴向应变(ε_z)、径向应变(ε_r)、环向应变(ε_θ)都略微增大,但增幅没有剪切应变($\gamma_{z\theta}$)明显。

5.5.4　中主应力系数对应变分量的影响

图 5-18 为不同主应力系数时弱胶结软岩应变分量变化曲线。在自由浸水软岩条件下,当偏应力 $q=0.5$ MPa 时,轴向应力(σ_z)、径向应力(σ_r)、环向应力(σ_θ)、剪应力($\tau_{\theta z}$)随着主

应力轴旋转角的变化规律如图 5-18 所示。当中主应力系数 $b=0$ 时,径向应力(σ_r)等于轴向应力(σ_z)、环向应力(σ_θ)的最小值;当中主应力系数 $b=0.5$ 时,径向应力(σ_r)等于轴向应力(σ_z)、环向应力(σ_θ)的中值;当中主应力系数 $b=1$ 时,径向应力(σ_r)等于轴向应力(σ_z)、环向应力(σ_θ)的最大值,即中主应力系数越大,径向应力(σ_r)越大,其值在轴向应力(σ_z)的最大值和最小值之间变化。由此可知:径向应力(σ_r)与中主应力系数 b 有关。这是因为径向应力(σ_r)等于中主应力(σ_2),而 b 值反映中主应力(σ_2)大小。主应力轴旋转过程中径向应力(σ_r)始终为恒值。轴向应力(σ_z)、环向应力(σ_θ)与中主应力系数成反比,b 值越小,轴向应力(σ_z)和环向应力(σ_θ)越大。由图 5-18 可知:剪应力与中主应力系数 b 无关,仅与偏应力水平有关,偏应力越大,峰值剪应力越大。

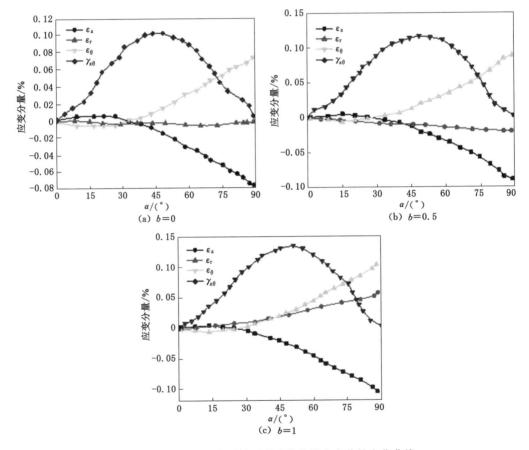

图 5-18　不同主应力系数时弱胶结软岩应变分量变化曲线

5.5.5　软岩含水率对应变分量的影响

图 5-19 为弱胶结软岩中各应变分量与 α 的关系曲线,显示了主应力轴纯旋转过程中试件 Rb1-Rb6 各应变分量随主应力轴旋转的变化规律。图 5-20 为不同主应力系数时弱胶结软岩应变分量变化曲线。由图 5-19 可见:弱胶结软岩试件在纯主应力旋转条件下,轴向和环向均产生了不可恢复的塑性变形,主应力方向从 0°到 90°旋转期间,中主应力系数 b 对应变有显著影响。

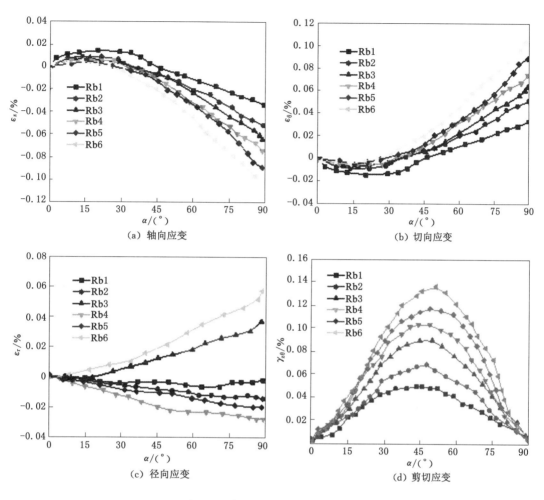

图 5-19　各应变分量随 α 变化曲线

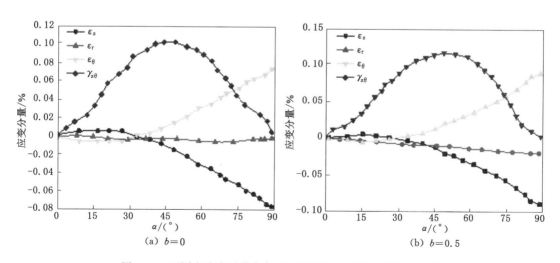

图 5-20　不同主应力系数条件下弱胶结软岩应变分量变化曲线

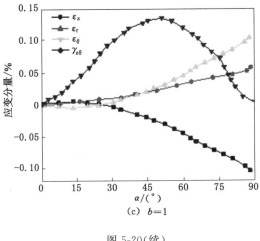

图 5-20(续)

如图 5-19(a)所示,主应力轴旋转角相同时,中主应力系数越大,轴向变形量越大。主应力轴从 0°到 90°旋转过程中,不同中主应力系数时的轴向应变均表现出先增大后减小的变化趋势。如图 5-17 所示,中主应力系数 b 越大,轴向应变越大,即不同中主应力系数 b 时轴向应变的变化趋势随主应力轴的旋转具有一定的滞后性。轴向应变 ε_z 经过短暂的受压之后受拉,主应力轴旋转全过程轴向应变表现为拉应变。

如图 5-19(b)所示,不同中主应力系数时,试件的切向应变与轴向应变大小相同,方向相反,因为主应力轴旋转平面为轴向力与环向力所在平面(垂直于径向力方向)。主应力轴旋转初期,大主应力与轴向力方向一致,使得试件轴向短暂受压,切向相对受拉。随着主应力轴不断旋转,大主应力与切向力方向逐渐一致,试件轴向应变主要表现为拉应变,切向应变为压应变,旋转全过程切向应变表现为压应变。由图 5-17 可以看出:当 $b=0$ 时,弱胶结软岩应变为 0.07%;当 $b=1$ 时,弱胶结软岩应变为 0.1%;随着中主应力系数 b 的不断增大,试件切向受压也会更显著。

如图 5-19(c)所示,偏应力为 1.5 MPa 时,中主应力系数 b 对径向应变影响较大,试件的径向变形方向由 b 值决定。当 $b=0$ 时,天然软岩与弱胶结软岩径向应变化规律基本相同,在 0°～90°之间呈受拉状态,随着主应力旋转角的增大,试件径向受拉也更显著,拉应变最大可达 -0.026%。当 $b=1$ 时,径向应变为压应变。当 $b=0.5$ 时,径向应变几乎没有累积,此时试件近似为平面应变条件。

如图 5-19(d)所示,当主应力轴旋转角 $\alpha<45°$ 时,剪应变随主应力轴旋转角的增大而增大;当 $\alpha=45°$ 时达到峰值剪应变;当 $\alpha>45°$ 时,剪应变随着主应力旋转角的增大而减小。相同主应力旋转角和中主应力系数时,浸水后试件的剪应变大于天然状态下的剪应变。

由图 5-20 可知:试验初始阶段,不同 b 值时剪切应变都为 0,且 b 值越大,弱胶结软岩的剪应变峰值越大。

综上可知:在主应力轴旋转过程中,弱胶结软岩有应变累积。试件累积塑性应变的增长是不可忽略的,在矿井建设过程中,必须将各应变分量给予充分的重视。

5.5.6   体应变变化规律

如图 5-21 所示,在浸水 9 周条件下,不同偏应力作用下,软岩试件体应变随着主应力轴旋转角的变化规律如图 5-21 所示。由图 5-21(a)可知:偏应力为 0.5 MPa 时,试件由体积缩小向体积膨胀过渡,主应力轴旋转 90°后试件体积较初始状态略有增大,偏应力为 1 MPa 和 1.5 MPa 时,试验全过程中试件表现为体积缩小。由图 5-21(b)可知:在 0.5 MPa 偏应力作用下,试件全过程表现为体积膨胀;偏应力为 1 MPa 时,试件体积变化不明显;当偏应力继续升高到 1.5 MPa 时,试件体积缩小较明显。由图 5-21(c)可知:不论偏应力值为多少,试件都表现为体积缩小,未出现体积膨胀。综上可知:偏应力越大,试件体积缩小量越大。

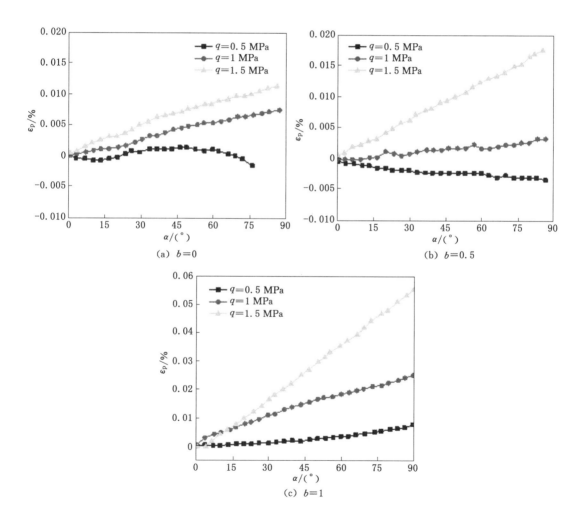

图 5-21   不同偏应力时体应变变化曲线

5.5.7 纯主应力旋转时弱胶结软岩非共轴特性

(1) 不同含水率时软岩非共轴特性

图 5-22 为纯主应力旋转作用下 β 随 α 变化曲线。由图 5-22(a)可知:天然状态下软岩的主应力方向与主应变增量方向是共轴的。由图 5-22(b)可知:当 $b=0$ 时,非共轴角的最小值出现在主应力轴旋转角大约为 37°时,且最小值为 2.4°,整个试验过程中非共轴角的平均值为 2.7°。当 $b=0.5$ 时,非共轴角的最小值出现在主应力轴旋转角大约为 41°时,且最小值为 2.2°,整个试验过程中非共轴角的平均值为 2.5°。当 $b=1$ 时,非共轴角的最小值出现在主应力轴旋转角大约为 45°时,且最小值为 1.9°,整个试验过程中非共轴角的平均值为 2.3°。中主应力系数 b 增大,非共轴角的平均值略减小,减小幅度不大,实际工程中可忽略不计。

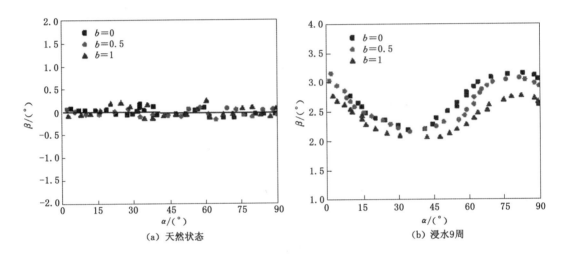

图 5-22　纯主应力旋转时 β 随 α 变化曲线

(2) 不同偏应力时软岩非共轴特性

图 5-23 为浸水 9 周中主应力系数 $b=0$ 时,非共轴角随主应力轴旋转变化曲线。当 $q=0.5$ MPa 时,非共轴角的最小值出现在主应力轴旋转角大约为 5.5°时,最小值为 1.5°,整个试验过程中非共轴角的平均值为 2°。当 $q=1$ MPa 时,非共轴角的最小值出现在主应力轴旋转角大约为 5.5°时,且最小值为 0.5°,整个试验过程中非共轴角的平均值为 1.5°。当 $q=1.5$ MPa 时,非共轴角的最小值出现在主应力轴旋转角大约为 3°时,且最小值为 1.5°,整个试验过程中非共轴角的平均值为 2.5°。$q=0.5$ MPa 时,非共轴角的平均值减小 1.4°,当 $q=1$ MPa 时,非共轴角的平均值减小 2°,当 $q=1.5$ MPa 时,平均值减小 0.9°,非共轴角随主应力轴旋转变化规律不明显,表现为在 3.2°左右浮动,这是个别试验误差所导致的,但是为了使试验数据真实可靠,此处数据未做更改,以真实试验结果展现出来,虽然个别数据不太理想,但是整个系列试验中非共轴角随主应力轴旋转的变化规律保持了较好的一致性,试验结果真实可靠,且具有一定的参考价值。

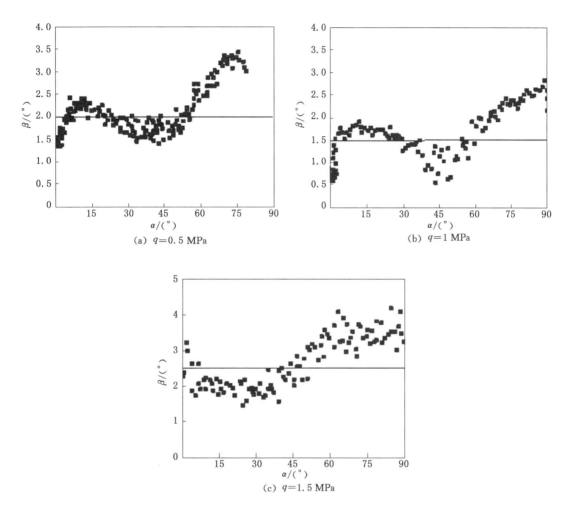

图 5-23 浸水 9 周时软岩试件非共轴角变化规律

5.6 主应力大小与方向耦合作用试验

5.6.1 耦合作用试验方案

该试验类型为弱胶结软岩试件在偏应力和主应力方向角耦合作用下排水扭剪试验，见表 5-4，探究耦合作用对软岩非共轴变形特性的影响。试验过程中主应力轴随着偏应力 q（初始偏应力为 20 kPa，保证各个试件的初始状态相同）的增大而旋转，直至试件发生破坏。

表 5-4　耦合作用试验方案

试验编号	含水率/%	$\alpha/(°)$	b	q/MPa
CB1			0	
CB2	8.36		0.5	
CB3		$0°\sim90°$	1	从 0 开始增大直至破坏
CB4			0	
CB5	12.42		0.5	
CB6			1	

5.6.2　应力路径

弱胶结软岩试件耦合作用下从试验中得到的实际应力路径如图 5-24 所示。该系列所有试验都遵循相同的应力路径。主应力轴旋转之前,试件沿垂直方向单调剪切至 $q=20$ kPa 和主应力方向角 $\alpha=0°$ 的初始状态,随后主应力轴旋转的同时偏应力持续增大至试件破坏。主应力方向角 α 的旋转速度为每分钟 1°,直至试件破坏(单位时间内产生较大的轴向应变即认为试件破坏),在主应力方向角达到 90°之前,主应力轴已停止旋转。

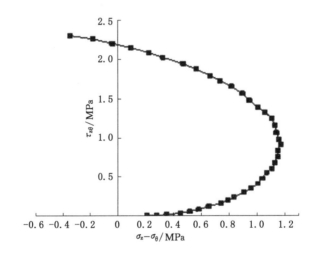

图 5-24　耦合作用下的应力路径

5.6.3　应变分量变化

图 5-25 为初始状态条件下软岩试件的应变分量变化曲线。由图 5-25 可知:当 $b=0$ 时,当旋转角为 0～30°时,各应变分量变化很小,旋转角大于 30°时,主应力轴旋转角越大,剪切变形越显著,试件破坏时的剪切变形为 0.43%,径向应变则表现为负增长,为 -0.18%,整个加载过程中轴向应变和环向应变变化很小。当 $b=0.5$ 时,剪应变随旋转角增大而逐渐增大,破坏时剪切变形为 0.66%,而轴向应变、径向应变和环向应变在整个加载过程中变化很小。当 $b=1$ 时,试件破坏时剪切变形为 0.49%。比较图 5-24 与图 5-25 可知:软岩试件含水率越小,试件产生的变形越小。

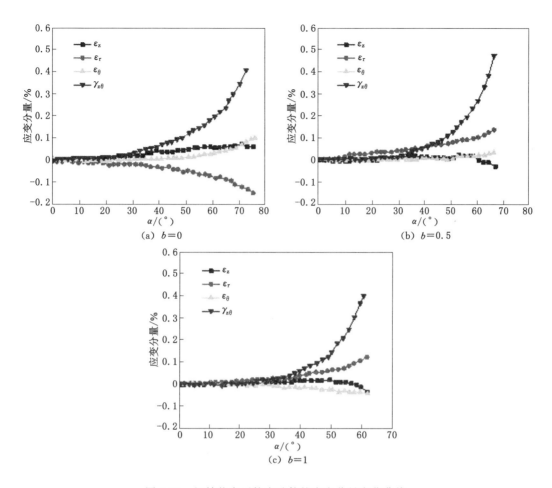

图 5-25　初始状态下软岩试件的应变分量变化曲线

　　图 5-26 为浸水 9 周时软岩各应变分量的变化曲线。当 $b=0$ 时,各应变分量变化在主应力轴旋转角为 0～20° 范围内不明显,当 $\alpha>20°$ 时,应变分量显著增大,随着主应力轴旋转,轴向应变(ε_z)缓慢增大至 0.15%,径向应变(ε_r)增大至 -0.2%,是拉应变。环向应变(ε_θ)增大至 0.13%,剪应变($\gamma_{\theta z}$)变化最显著,当 $\alpha>30°$ 时,剪应变快速增大,试件破坏时的剪切变形为 0.62%。当 $b=0.5$ 时,整个旋转过程轴向应变、径向应变及环向应变非常小,在 $\alpha>20°$ 时,剪切变形随主应力轴旋转角的增大而快速增大,峰值剪应变为 0.7%。当 $b=1$ 时,应变分量在旋转角 $<5°$ 时变化不明显,当旋转角 $>5°$ 时,轴向应变随旋转角增大先增大至 0.19% 后开始减小,产生回弹变形,径向应变在主应力方向角 $\alpha>20°$ 时由减小转为增大,破坏时轴向应变与径向应变相等,环向应变则增大至 -0.1%,剪应变在旋转角 $>15°$ 时增长显著,破坏时剪应变为 1%。综上可知:无论 b 为多少,剪应变都不断增大,这是试验过程中偏应力 q 不断增大所导致;当 $b=0$ 时径向应变为负增长,当 $b=0.5$ 时径向应变基本不变,当 $b=1$ 时径向应变为正增长;不同 b 值时的环向应变变化规律恰好与径向应变相反。

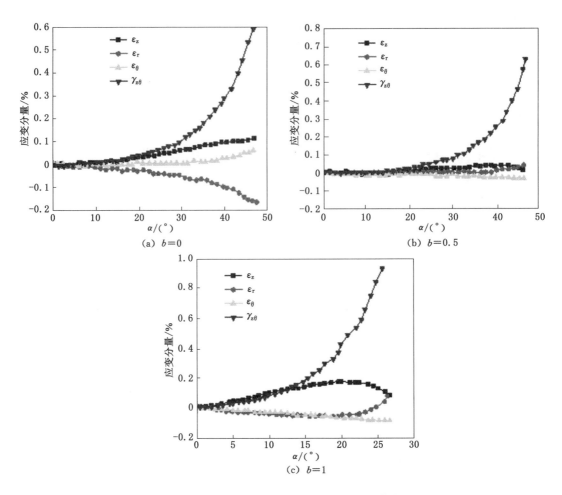

图 5-26 浸水 9 周时软岩的应变分量变化曲线

5.6.4 剪应力-剪应变关系曲线

图 5-27 为不同浸水时间时软岩试件耦合作用剪应力-剪应变关系曲线。由图 5-27 可知：应变硬化现象明显，试样破坏时的剪应力随着中主应力系数的增大而增大，这与试件的受力状态有关，当试件受压时，可以承受更大的剪应力。如图 5-27(a)所示，当中主应力系数 $b=0$ 时，试件的峰值剪应力为 1.54 MPa，最大剪切应变约为 0.45%；当 $b=0.5$ 时，破坏剪应力为 1.42 MPa，最大剪切应变约为 0.41%；当 $b=1$ 时，破坏剪应力为 1.17 MPa，最大剪应变约为 0.43%。如图 5-27(b)所示，当中主应力系数 $b=0$ 时，试件破坏时的剪应力为 1.12 MPa，最大剪切应变约为 0.49%；当 $b=0.5$ 时，破坏剪应力为 0.82 MPa，最大剪切应变约为 0.58%；当 $b=1$ 时，破坏剪应力为 0.42 MPa，最大剪应变约为 0.69%。对比分析图 5-27(a)与图 5-27(b)可知：含水率大时，中主应力系数 b 的改变对剪应力-剪应变关系曲线产生了较大的影响。

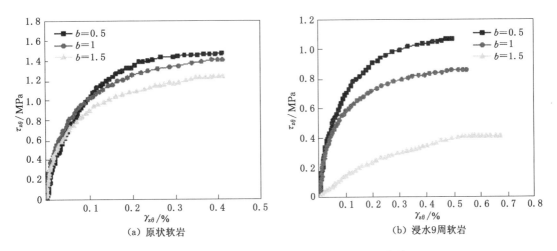

图 5-27　不同浸水条件时剪应力-剪应变关系曲线

5.6.5　体应变变化规律

不同浸水时间时的体应变变化曲线如图 5-28 所示。由图 5-28 可知：中主应力系数 b 越大，试件体积收缩越显著。天然状态下中主应力系数 $b=0$ 时，主应力轴旋转，试件体积缩小，在接近破坏时体积膨胀，即存在剪胀现象。中主应力系数 $b=0.5$ 时，试样在主应力轴旋转过程中体积不断缩小，在试样将要破坏时存在剪胀趋势。当试件整体处于剪缩状态，中主应力系数 $b=1$ 时，试件产生了较大的体积收缩，在临近破坏时体积回弹，但试件整体处于剪缩状态。对比分析图 5-28（a）、图 5-28（b）可知：当 $b=1$ 时，浸水 9 周时的试件在主应力轴旋转到 30° 时破坏，而天然状态下软岩试件在主应力轴旋转到接近 50° 时破坏。浸水 9 周时，中主应力系数分别等于 0 和 1 时，弱胶结软岩试件体积应变随主应力轴旋转先增大后减小，即试件在主应力轴旋转初始阶段收缩，主应力轴旋转角大于 40° 时（接近破坏）开始膨胀，因为试样在临近破坏时剪应力较大，在较大荷载作用下，试样内部颗粒位置变动较大，进而产生剪胀现象，与试件初始状态相比，剪胀现象不显著。当中主应力系数 $b=1$ 时，体应变随 α 增大而增大，没有出现剪胀。当 $b=0$ 时，天然状态下，试件破坏时的旋转角为 58°，$b=0.5$ 时，旋转角约为 55°。当 $b=0$，软岩浸水 9 周时，试件破坏时的旋转角约为 47°，$b=0.5$ 时，旋转角约为 50°，由此可知：中主应力系数 b 较小时（即试件受压或受扭），中主应力系数 b 较大时，含水率的改变对试件的承载能力产生了较大的影响。

5.6.6　耦合作用下弱胶结软岩非共轴特性

不同含水率时非共轴角随旋转角增大的变化规律如图 5-29 所示。由图 5-29 可知：随着旋转角增大，非共轴变形特性不断减弱，试件破坏时取得最小值。不同中主应力系数 b 时各试件的非共轴角随主应力轴旋转角变化趋势基本一致，由此可知非共轴角变化规律受中主应力系数改变的影响不大，可以忽略不计。中主应力系数 $b=0$ 时，天然状态下的软岩的主应力方向与主应变增量方向是共轴的。中主应力系数 $b=0$ 时，加载开始时试件的非共轴角为 2°，在旋转角达到 87° 时试件破坏，此时非共轴角为 0°，力与变形方向一致。当 $b=0.5$

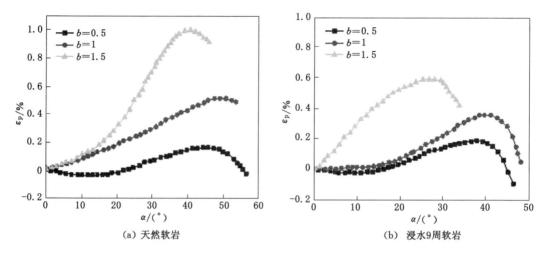

图 5-28　不同浸水时间时的体应变变化曲线

时,加载开始时试件的非共轴角为 1.8°,在旋转角达到 88°时试件破坏,此时非共轴角为 0.4°,基本共轴。当 $b=1$ 时,刚开始加载时试件的非共轴角为 2.5°,当旋转角为 45°时试件破坏,此时非共轴角为 1.2°。由此可知:中主应力系数 $b=1$ 时,试件破坏时趋于共轴但是不共轴,当中主应力系数 $b<1$ 时,试件破坏时共轴。对比图 5-29(a)和图 5-29(b)可知:浸水 9 周软岩,随着中主应力系数 b 变化,非共轴角变化规律类似,说明 b 的变化不影响试件的非共轴特性。

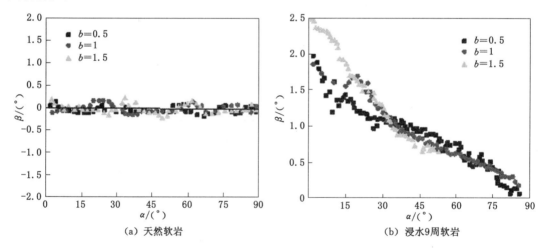

图 5-29　不同含水率时非共轴角变化曲线

5.7　本章小结

本章针对开挖扰动引起的围岩应力调整状态下弱胶结软岩强度、变形和非共轴特性进行了数值模拟研究和试验研究,主要工作及结论如下:

(1) 以某圆形隧道开挖工程地质条件为背景,利用 MiDAS/GTS 建立三维数值计算模型研究隧道开挖过程中围岩扰动应力路径演化规律。研究表明:开挖卸荷改变了地下工程岩体原有的应力状态,导致底板、帮部和顶板围岩主应力大小和方向改变,特别是在 2D 范围内,主应力大小和方向变化十分剧烈。

(2) 利用 GDS 空心圆柱测试系统开展了主应力轴旋转条件下弱胶结软岩的定向剪切试验、纯主应力轴旋转试验、主应力大小和方向耦合加载试验,对比分析了主应力轴旋转试验与三轴试验结果,探讨了主应力方向对弱胶结软岩强度、变形和非共轴特性的影响。

6 弱胶结软岩巷道非对称耦合支护技术

本章以红庆梁煤矿为工程背景,根据前述围岩物理力学参数测试结果、分数阶蠕变本构模型和考虑主应力轴旋转的弱胶结软岩力学试验结果,采用现场调研、数值模拟、理论分析与现场监测相结合的方法,研究西部地区弱胶结软岩巷道非对称耦合支护技术。

6.1 工程概况

红庆梁煤矿位于内蒙古自治区达拉特旗高头窑镇什巴圪图村,井田面积约 162.97 km²,矿井井巷工程总长度为 30 901 m,其中:煤巷长度为 22 519 m,占总长度的 72.9%;岩巷长度为 8 382 m,占总长度的 27.1%,井筒地质图如图 6-1 所示。

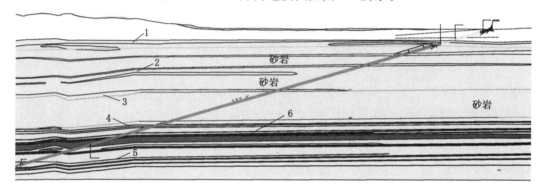

1-5—粉砂岩、泥岩互组;6—煤系地层。

图 6-1 井筒地质图

主斜井井筒、井底车场、辅运大巷以及 3-1 煤回风大巷和 30101 工作面顺槽部分地层层位岩层为弱胶结软岩。根据钻孔揭露煤田地层主要包括:侏罗系中侏罗统延安组、直罗组、安定组,白垩系下白垩统志丹群和第四系地层。其中侏罗系中侏罗统延安组主要为砂岩,灰色、深灰色砂质泥岩,泥岩和煤层;直罗组岩性为中、粗砂岩,局部夹粉砂岩、砂质泥岩;下部为砂质泥岩,局部夹粉砂岩,揭露厚度为 170.98~212.30 m;志丹群(K_1zh)揭露厚度为 17.55~84.44 m,岩性以砾岩为主,一定数量的泥岩、砂质泥岩夹细粒砂岩;第四系(Q)地层主要包括冲洪积(Q_4^{al-pl})层(厚约 3.05 m)、表土(Q_{3-4})层(厚 1.0 m)和风积(Q_4^{eol})层(厚约 1.5 m)。

主要含水层包括白垩系下白垩统志丹群孔隙、裂隙潜水层单位涌水量为 0.004 323 L/(s·m),为弱透水层;侏罗系中侏罗统(J_2)碎屑岩类潜水层单位涌水量为 0.029 79 L/(s·m)、侏罗系中侏罗统延安组(J_2y)碎屑岩类承压含水层单位涌水量为 0.037 62 L/(s·m),为富水层。各地层涌水量计算结果见表 6-1。

表 6-1　井筒涌水量计算表

参数岩段	B/m	M/m	H/m	$K/(m/d)$	S/m	R/m	$Q/(m^3/d)$
志丹群	179.38	30.59	31.24	0.013 3	26.02	32.11	64.23
安定组	1 033.4	303.8	359.86	0.008 8	350.32	331.23	3 436.18
延安组	408.76	93.15		0.042 3	93.59	189.64	783.56
基岩层段	192.34	54.49		0.005 8	428.83	328.19	143.59
泥岩层	133.19	69.15		0.014 8	357.99	423.53	190.79
合计							4 291.62

6.2　弱胶结软岩巷道数值计算分析

6.2.1　建立数值计算模型

利用 MIDAS/GTS 建立弱胶结软岩巷道数值计算模型并作如下假设：

(1) 巷道周围岩体为各向同性的弹黏塑性体。

(2) 地层侧压力系数 $\lambda = 0.54$，围岩应力释放系数为 0.5。

(3) 围岩初始应力场不含构造应力和温度应力。

已有研究结果表明：巷道 3～5 倍跨度范围内为地层应力和围岩压力调整显著区域，超出此范围为不受巷道开挖影响区域。因为主井井筒及 3-1 煤辅运大巷断面跨度均为 4.0 m，所以认为开挖影响范围为 15 m，所以取模型宽度为 $15 \times 2 = 30$ m。断面方向施加 x 轴方向约束；考虑到埋深的影响，巷道埋深设置为 450 m，但若据此计算，则模型过高，高宽比不协调，因此纵向模型高度为 60 m，其上施加 8.5 MPa 竖向荷载，底部施加 z 轴方向约束；模型沿巷道走向取 60 m，y 轴方向约束。模型尺寸为：长 (x) $\times$ 宽 (y) $\times$ 高 (z) $= 60$ m $\times$ 30 m $\times$ 45 m。考虑到 3-1 煤回风大巷遭遇多个断层破碎带，设置一条宽 2.5 m，走向为 SW45°，倾角为 60°的断层破碎带，将破碎带范围内岩体强度进行折减，折减系数为 0.5，如图 6-2 和图 6-3 所示。

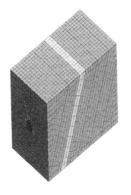

图 6-2　软岩巷道数值模型网格划分图

图 6-3　巷道模型

6.2.2　模型参数设置

岩体采用实体单元,支护锚杆为线单元,植入式桁架,线弹性本构模型;钢支架为梁单元,线弹性本构模型;喷射混凝土为板单元,线弹性本构模型。根据相关软岩巷道数值模拟分析结果,认为顶板中心、肩窝以及直墙中上部变形相对较大,因此本书巷道支护结构形式分为对称式均匀支护和式非对称式非均匀支护。

模型参数见表 6-2 和表 6-3。

表 6-2　岩体力学参数

岩层名称	天然密度 /(kN/m³)	泊松比 μ	弹性模量 E/MPa	剪切模量 G/MPa	黏聚力 c/MPa	内摩擦角 φ/(°)	抗拉强度 σ_t/MPa
软岩层	22.5	0.35	2 500	870	0.35	36	0.98
断层破碎带范围内岩体	21.5	0.40	1 730	690	0.12	30.5	0.5

表 6-3　材料力学参数

材料名称	弹性模量 E/GPa	泊松比 μ	重度 /(kN/m³)	厚度或直径 /mm	长度 L/m	截面面积 /mm²	惯性矩 /cm⁴
锚杆	210	0.25	78.5	20	2.2/2.6		
锚索	160	0.28	70	17.8	7.5		
C30 混凝土	30	0.29	24	150			
25# U 形钢架	250	0.28	8.5	14.2		31.54	451.7

6.2.3　围岩塑性特征分析

图 6-4 为初始应力平衡后模型塑性区分布以及巷道开挖 10 m、25 m 和 60 m 时弱胶结软岩巷道塑性区分布云图。

从图 6-4 可以看出:初始应力平衡后巷道内并无塑性区产生,开挖 10 m 时巷道未进入断层影响范围以内,塑性区与断层并未连通;开挖 25 m 时,巷道与断层相交。因本书所建立数值模型中巷道走向与断层倾向之间呈钝角,即巷道底板先进入断层破碎带的上盘,顶板后进入断层破碎带区域,因此底板首先产生较大的塑性变形,之后顶板才有一定的塑性区分布;巷道开挖至 60 m 范围后,巷道进入稳定岩层区,因此塑性区分布与开挖 10 m 之前的塑性区分布具有相同的特征。巷道最大塑性区出现在断层破碎带范围内,即巷道掘进至 20～35 m 范围内,如图 6-5 所示。

6.2.4　围岩最大应力

断层破碎带软岩破坏主要由拉应力、剪应力和拉剪应力组合作用所导致的,因此研究围岩应力分布特征是为巷道支护方案设计提供科学依据的基础。本节选择不同开挖阶段围岩的水平应力、竖直应力和剪应力进行分析。

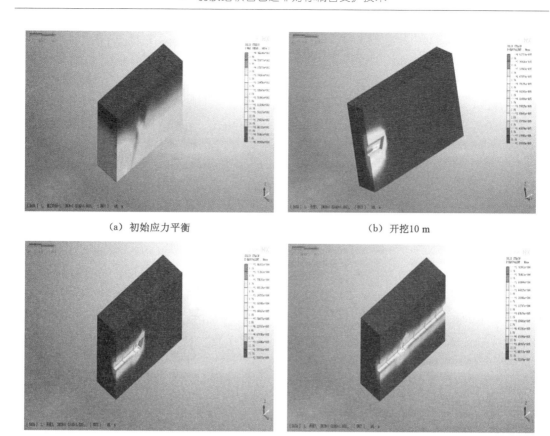

(a) 初始应力平衡　　　　　　　　　　(b) 开挖10 m

(c) 开挖25 m　　　　　　　　　　(d) 开挖60 m

图 6-4　围岩塑性区分布云图

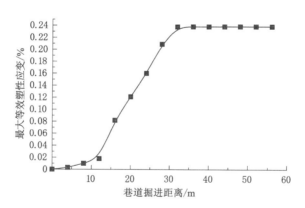

图 6-5　最大等效塑性应变随巷道掘进距离变化曲线

（1）水平方向最大应力

不同开挖阶段巷道水平应力分布如图 6-6 所示。

图 6-6 为巷道围岩最大水平应力云图，表明未达到断层破碎带范围内时，围岩水平应力低于 2 MPa；而当到达断层破碎带范围内时，围岩水平应力迅速增大，最大水平应力保持在 10 MPa 左右，巷道掘进过程中所受最大水平应力如图 6-9 所示。

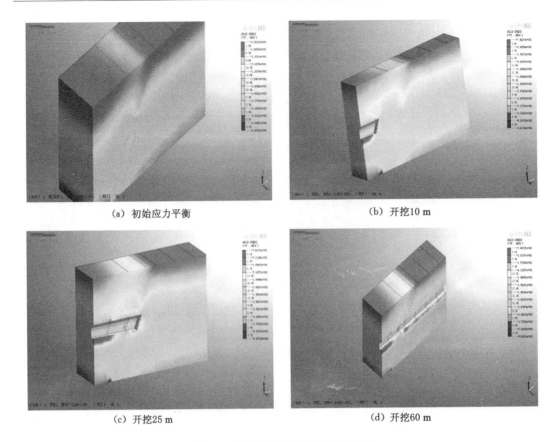

（a）初始应力平衡	（b）开挖10 m
（c）开挖25 m	（d）开挖60 m

图 6-6　围岩最大水平应力分布云图

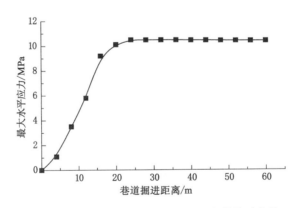

图 6-7　最大水平应力与巷道掘进距离的关系曲线

（2）竖直方向最大应力

不同开挖阶段巷道竖直方向应力分布如图 6-8 所示。

不同开挖阶段围岩最大竖向应力分布表明：穿越断层破碎带过程中巷道最大竖向应力出现较大的增幅，主要是因为开挖至断层破碎带时，岩体松散破碎，冒落拱范围增大，导致传递给围岩的应力增大。巷道掘进过程中所受最大竖直方向应力如图 6-9 所示。

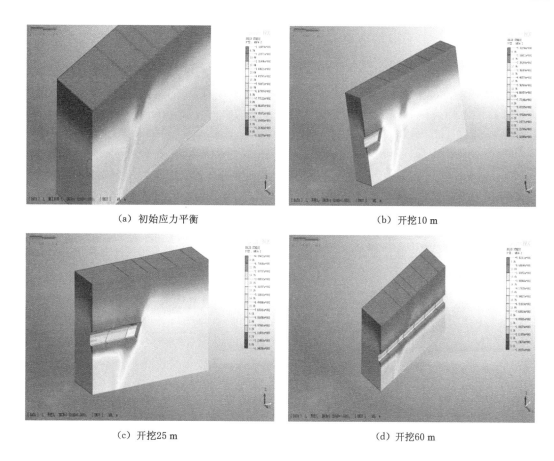

（a）初始应力平衡　　　　　　　　　　（b）开挖10 m

（c）开挖25 m　　　　　　　　　　　　（d）开挖60 m

图 6-8　围岩最大竖直方向应力分布云图

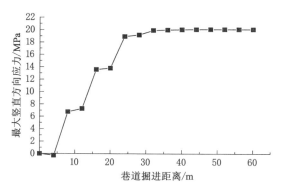

图 6-9　最大竖直应力与巷道掘进距离的关系曲线

6.2.5　围岩最大应变

不同开挖阶段围岩位移云图如图 6-10 所示。

由图 6-10 可以看出：在巷道开挖过程中断层破碎带软岩巷道的变形主要表现为顶板下沉、底板起鼓、左帮挤进和右帮挤出，底板中心线处起鼓量最大，顶板中心线处下沉量最大，选

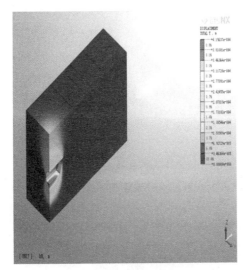

(a) 开挖10 m　　　　　　　　(b) 开挖30 m

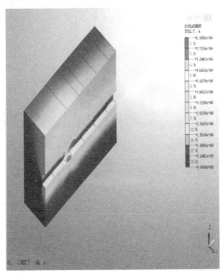

(c) 开挖60 m

图 6-10　不同开挖阶段围岩位移云图

择模型开挖至 10 m、25 m 和 50 m 时 3 个断面提取围岩表面收敛变形,如图 6-11 和图 6-12 所示。

　　由图 6-12 可以看出:3 个监测断面的顶底板位移和两帮位移均在工作面推进距离为 10～25 m 范围内有一个显著的增大,之后趋于稳定,对比模型开挖时步,该阶段为模型开挖 至断层破碎带位置,断层破碎带岩体软弱,因此产生变形的速率较大。通过之后变形趋于稳 定。从具体数值来看,顶板位移为正值表现为顶板下沉,底板位移为负值表现为底板起鼓, 左帮变形为正值,右帮变形为负值,表现为左帮挤进、右帮挤出。两帮变形量为 30～50 cm, 顶底板变形量为 25～40 cm,因此相比较而言,两帮的挤压变形是巷道围岩变形的主要形 式,而顶底板变形为次要变形形式。

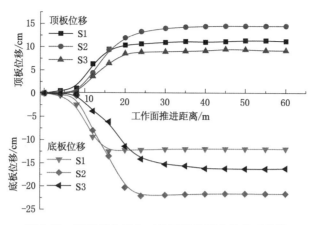

图 6-11 顶底板位移与工作面推进距离的关系曲线

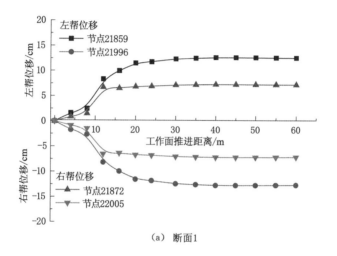

（a）断面1

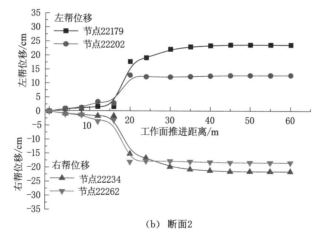

（b）断面2

图 6-12 两帮位移与工作面推进距离的关系曲线

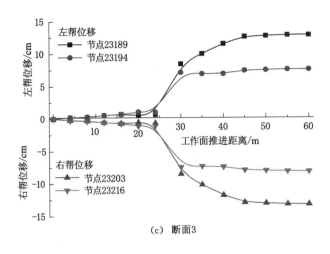

(c) 断面3

图 6-12(续)

6.2.6 锚杆(索)受力

现有支护理论主要是根据普氏理论建立的,认为深部地下工程围岩具有一定的支撑能力,同时巷道开挖后其上部抛物线范围内的围岩为松动围岩,是支护结构承受荷载的主要来源。锚杆(索)的设计计算是根据冒落拱理论计算并将锚杆的一部分打入稳定的岩层中用以悬吊抛物线范围内的垮落岩体。因此锚杆主要承受破碎岩体形成拉力,但若岩体较完整且具有相对较强的自稳能力,锚杆(索)也会承受一定的压力。通过数值模拟得到锚杆轴力云图如图 6-13 所示,锚杆轴力与工作面距离关系曲线如图 6-14 所示。

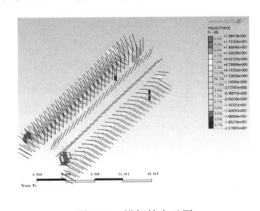

图 6-13 锚杆轴力云图

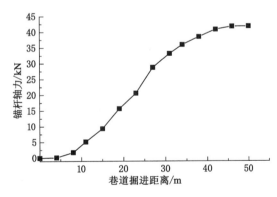

图 6-14 锚杆轴力与巷道掘进距离关系曲线

由图 6-13 和图 6-14 可以看出:随着工作面的推进,锚杆最大轴力逐渐增大,在通过断层破碎带过程中,锚杆轴力增大速率增大,且在通过断层破碎带一定时间内锚杆受力均保持较大幅度的增大。至工作面距离为 40 m 后锚杆轴力增大速率趋于平稳,说明此时支护结构处于相对稳定的状态。锚杆最大轴力为 41.84 kN,小于设计锚固力 75 kN。

6.2.7 喷射混凝土应力

数值模拟得到断面喷射混凝土内力如图 6-15 所示。

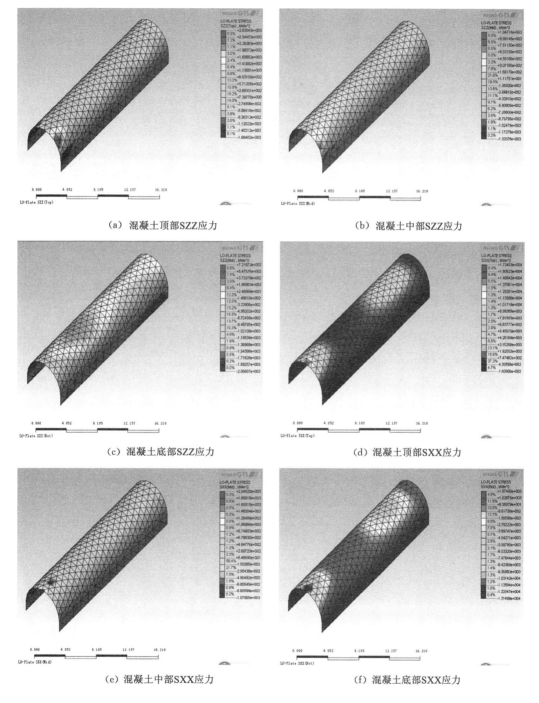

（a）混凝土顶部SZZ应力   （b）混凝土中部SZZ应力

（c）混凝土底部SZZ应力   （d）混凝土顶部SXX应力

（e）混凝土中部SXX应力   （f）混凝土底部SXX应力

图 6-15　喷射混凝土内力

由图 6-15 可知:喷混的受力主要位于顶板,特别是断层破碎带和构造应力较大处,这也是为巷道开挖,特别是穿越断层破碎带过程中,顶板出现较大受力的表现之一。喷射混凝土水平方向的应力在通过断层破碎带时达到最大值,主要是破碎带范围内岩体跨落范围大,跨落拱高度增大,施加给支护结构的荷载增大引起的。

6.2.8 钢支架受力对比分析

图 6-16 为钢支架竖向弯矩云图。

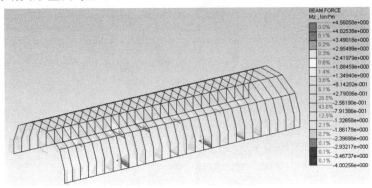

图 6-16　钢支架竖向弯矩云图

由图 6-16 可以看出:钢支架所受最大负弯矩为 4.4 kN/m^2,出现在右侧棚腿根,最大正弯矩为 9.8 kN/m^2,出现在左侧棚腿,这说明在破碎岩体挤胀作用下,棚腿受到一定的拉力作用,同时说明锚网喷支架支护结构在破碎带软岩巷道中起到了良好的耦合支护效果,充分发挥了锚杆(索)主动支护的悬吊作用,也充分发挥了钢支架被动柔性支护的承载作用,有效阻止了围岩的继续变形。

6.3 非对称耦合支护方案设计

结合前述软岩流变试验结果和数值模拟结果,针对断层破碎带软岩巷道提出锚网索喷架+注浆非对称耦合支护方案,并采用普氏理论计算支护结构参数。

6.3.1 支护参数计算

(1)锚杆长度

断层破碎带软岩巷道采用左旋螺纹钢树脂锚杆,根据悬吊理论锚杆长度为:

$$l = l_1 + l_2 + l_3 \tag{6-1}$$

式中　l_1——锚杆外露长度,取 0.10 m;

l_2——跨落拱高度,m,按式(6-2)计算;

l_3——锚固长度,即锚固到稳定基岩层的长度,取 0.5 m。

根据莫斯特科夫理论,跨落拱高度按式(6-2)计算。

$$h = \frac{e^{\frac{km\pi}{2}} - 1}{2\sin\frac{\alpha_0}{2}} l_0 \tag{6-2}$$

式中　k——修正系数,当 $f=2\sim4$,埋深 $250\text{ m}<H<500\text{ m}$ 时,取 $k=1.5$;

　　　m——系数,取 0.25;

　　　α_0——巷道拱顶中心角,直墙半圆拱断面,$\alpha_0=180°$;

　　　l_0——巷道净宽,取 4.0 m。

　　则:

$$l_2=\frac{\text{e}^{\frac{kn\pi}{2}}-1}{2\sin\frac{\alpha_0}{2}}l_0=\frac{\text{e}^{\frac{1.3\times0.25\times3.14}{2}}-1}{2\times\sin\frac{180°}{2}}\times5.0=1.65\text{ (m)} \tag{6-3}$$

　　故锚杆长度为:

$$l=l_1+l_2+l_3=0.1+1.65+0.5=2.25\text{ (m)} \tag{6-4}$$

结合巷道左帮取锚杆长度为 2.6 m,右帮取锚杆长度为 2.2 m。

（2）锚杆直径

设锚固力为 Q,杆体承载力为 P,一般有 $P=Q$,且

$$Q=\pi(d/2)^2\sigma_t \tag{6-5}$$

式中　d——锚杆直径,mm;

　　　Q——锚杆锚固力,取 $Q=125\text{ kN}$;

　　　σ_t——螺纹钢抗拉强度设计值,取 $d=\sqrt{\dfrac{4Q_b}{\pi\sigma_t}}=1.13\left(\dfrac{Q}{\sigma_t}\right)^{\frac{1}{2}}=335\text{ MPa}$。

　　则:

$$d=\sqrt{\frac{4Q_b}{\pi\sigma_t}}=1.13\left(\frac{Q}{\sigma_t}\right)^{\frac{1}{2}} \tag{6-6}$$

取锚杆锚固力设计值为 100 kN,螺纹钢抗拉强度 $\sigma_t=335\text{ MPa}$。将上述参数代入计算得到锚杆直径 $d=19.52\text{ mm}$,取 20 mm。

（3）锚杆间距

锚杆间距按式(6-7)计算。

$$a=\left(\frac{Q}{K\gamma L_2}\right)^{\frac{1}{2}} \tag{6-7}$$

式中　a——锚杆间距,m;

　　　Q——锚杆锚固力设计值,$Q=100\text{ kN}$;

　　　K——锚杆安全系数,一般取 1.8;

　　　γ——顶板岩体重度,$\gamma=23.5\text{ kN/m}^3$。

计算得 $a=1.19\text{ m}$,考虑到现场围岩等级低,取锚杆间排距为 $800\text{ mm}\times800\text{ mm}$,则巷道断面施工锚杆的数量为 17 根。

（4）喷射混凝土参数

设计喷射混凝土的配合比 $m_{水泥}:m_{砂}:m_{石}=1:2:2$,速凝剂的掺量(水泥质量占比)为 3%。每 1 m^3 混凝土用 42.5 级普通硅酸盐水泥 467 kg,砂 0.73 m^3,粒径 $<20\text{ mm}$ 的碎石 0.75 m^3,水 0.26 m^3,速凝剂 13.0 kg,喷层厚度按式(6-8)计算。

$$d=k'a\sqrt{\frac{q}{m\sigma_t}} \tag{6-8}$$

式中 k'——无因次系数,取 $k'=0.25$;

  a——加固圈跨度,$a=B/6=6/6$ m $=1.0$ m;

  m——经验值,对锚网喷支护取 $m=1.0$;

  σ_t——喷层的抗拉强度,$\sigma_t=1.2$ MPa。

则:

$$d=k'a\sqrt{\frac{q}{m\sigma_t}}=0.25\times1.0\times\sqrt{\frac{0.0164}{1.0\times1.2}}=0.029\ 2\ (\text{m})=29.2\ (\text{mm}) \tag{6-9}$$

取喷层厚度 150 mm,其中初喷 100 mm,复喷层找平 50 mm。

(5)注浆

注浆系统由搅拌机、注浆泵、孔口管路、混合器等组成。采用的注浆材料为塑性早强注浆材料——双液浆。注浆压力是影响注浆效果的因素之一。注浆压力过小,浆液扩散范围缩小,达不到预期的加固效果;注浆压力过大,浆液扩散范围扩大,造成浆液浪费。初期注浆压力不超过 2 MPa,3 次成孔后最大压力不超过 3.5 MPa。注浆开始前应进行压水试验,测试系统的密封性和安全性,压水试验的压力达到 2 MPa,3 次成孔后压力达到 3.5 MPa 后,稳定 15 min 无异常时即可开始正式注浆施工。当注浆压力达到注浆终压值(2 MPa)、3 次成孔达到 3.5 MPa 时,调到 1 挡(16 L/min),小流量稳压 20 min,可结束该孔的注浆工作。

6.3.2 非对称耦合支护方案

根据上述计算结果,针对红庆梁煤矿 3-1 回风大巷 DF-14 断层,提出右帮(断层破碎带侧)锚杆长度 2.6 m,左帮锚杆长度 2.2 m,锚杆直径 20 mm,锚杆间排距 800 mm×800 mm;破碎带处增打直径 17.8 mm、长度 7.3 m 的锚索,锚杆(索)非均匀对称布置;锚网喷支护所用钢筋网用 $\phi8$ 圆钢焊接;金属网网格尺寸为 100 mm×100 mm,网片尺寸为 1 800 mm×2 100 mm,每片搭接 100 mm。锚杆托盘为 100 mm×100 mm 的方形钢板。本项目锚固剂选用 1 支 K2335 型树脂锚固剂和 1 支 Z2360 型锚固剂。根据三径匹配原则,钻孔直径为 25 mm。锚杆安装完成后,施加预应力值至锚固力的 60%,锚杆的锚固力可通过现场拉拔试验得到;喷射混凝土厚度为 150 mm。非对称耦合支护设计图如图 6-17 所示。

6.4 现场监测及结果分析

地下工程开挖后围岩应力场将发生调整,特别是穿越断层破碎带软岩巷道易产生顶板离层、冒落、片帮和底鼓等工程灾害。为了监测穿越断层破碎带时软岩巷道支护结构稳定性,及时合理调整支护结构参数,在断层破碎带影响范围内开展围岩收敛变形、锚杆(索)受力、顶板离层以及锚杆受力监测。

6.4.1 现场测试方案设计

(1)围岩收敛变形监测

围岩表面收敛变形测试所用仪器为 JSS30A 数显收敛计。测试前需要在巷道顶底板和两帮采用直径 12 mm 的钢筋制备固定测点的挂钩,如图 6-18 所示。

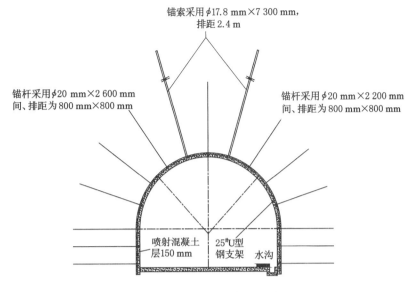

图 6-17　非对称耦合支护设计图

（a）JSS30A数显收敛计　　（b）现场安装挂钩　　（c）现场测试

图 6-18　围岩表面收敛变形监测

首先根据现场实际情况选择测站位置并将自制挂钩固定于巷道表面,如图 6-18 所示。第一个测站距左转巷道右帮线 7.5 m,处于断层前位置;第二个测站距左转巷道右帮线 13.6 m,处于断层中位置;第三个测站距左转巷道右帮线 24.9 m,处于断层后位置。

测试过程中因为部分断面底板破碎或无硬化条件,因此测试过程中采用三点法(测站 2)或四点法(测站 1 和测站 3)测试围岩表面收敛量,如图 6-19 所示。

测点布置好之后将收敛计挂钩与自制挂钩相连,并拉紧钢尺,然后将尺孔销插入钢尺上相应的孔位中,并用尺卡将钢尺紧贴连尺架,防止钢尺与尺孔销脱离;钢尺连接好后旋进千分尺,使钢尺张力增大,当数显式收敛计的读数窗口中红线到达两黑线中间时进行读数,将数据填入记录表。

（2）锚杆测力计

锚杆测力计应布置在巷道断面薄弱部位,根据数值模拟结果,分别布置 MCS-400 型锚杆测力计(图 6-20)于半圆拱肩窝位置和直墙与半圆拱连接处,具体布置如图 6-21 所示。

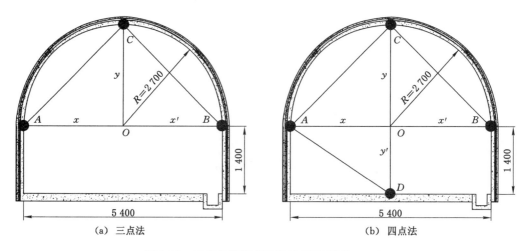

图 6-19　围岩收敛测点布置示意图(单位:mm)

图 6-20　MCS-400 型锚杆测力计及手持器示意图(单位:mm)

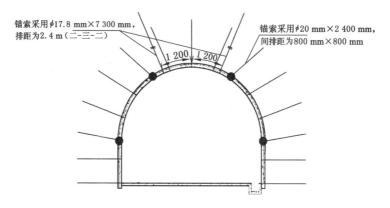

图 6-21　锚杆测力计布置示意图

对测站锚杆进行编号后采用 MCS-400 型无损锚杆(索)测力计及其数据采集器即可对锚杆受力进行测试并储存记录。

（3）顶板离层仪

采用 YHW300 型矿用本安型围岩位移测定仪监测巷道顶板离层情况，如图 6-22 所示。

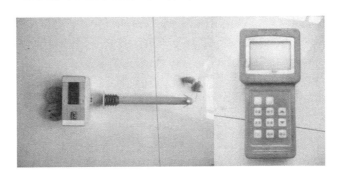

图 6-22　YHW300 型顶板离层仪及手持器

（4）锚杆锚固力、锚固长度、锚杆(索)抗拉拔力与抗扭矩力检测

采用 CMSW6(A)矿用本安型锚杆锚索无损检测仪对锚杆长度、锚固力、施加的预应(紧)力及其实际受力状态进行检测。CMSW6(A)矿用本安型锚杆(索)无损检测仪为无损测试，通过数据采集可直接显示锚杆(索)的锚固力等参数，测试精度可达 90％以上。本次测试项目主要包括：① 锚杆极限锚固力监测。该项目测试数量为锚杆总数的 3％以上，锚固力应为 125 kN 以上；② 有效长度；③ 锚杆(索)拉拔力测试等。

6.4.2　监测结果分析

（1）围岩收敛变形监测结果分析

根据前述监测设计方案对 3 个测站的围岩表面收敛变形进行监测，其中测站 1 因为超前注浆及底板首先遭遇断层破碎带无法及时硬化，因此仅测试两帮收敛量。待底板硬化后补打固定螺栓，对测站 2、测站 3 的底板变化情况进行监测，现场测试如图 6-23 所示。

  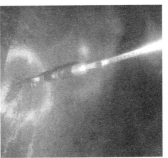

（a）挂钩链接　　　　　　　　　（b）数显收敛计调节　　　　　　　　（c）读数

图 6-23　数显收敛计测量图

3 个测站的围岩表面收敛变形及变形速率如图 6-24 所示。

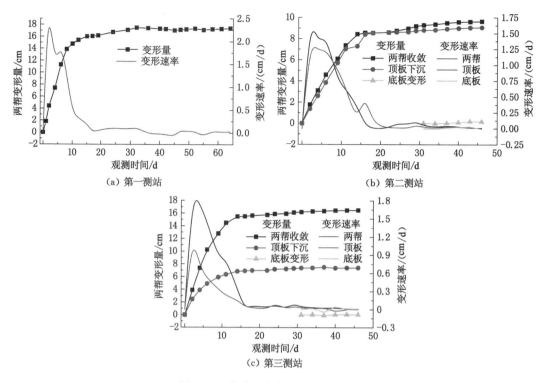

图 6-24　巷道围岩变形量及变形速率

上述测试结果表明:测试 15 d 之内,围岩表面收敛变形变化速率较快,表现为围岩顶板下沉,两帮收敛变形量迅速增加,相应变形速率也处于相对较高的水平,而监测 20 d 之后变形速率降低甚至为 0,表现为巷道的稳定性良好,支护结构起到了有效的支撑作用。具体监测结果为:第一测站 64 d 两帮收敛变形量为 17.38 cm,其中前 15 d 变形量为 16.02 cm,占监测期总变形量的 92.17%;第二测站 42 d 两帮收敛变形量为 9.64 cm,顶板变形量为 9.06 cm,前 15 d 变形量分别为 8.59 cm 和 8.54 cm,占监测期总变形量的 89.1% 和 93.3%;第三测站 46 d 两帮收敛变形量为 16.51 cm,顶板变形量为 7.43 cm,前 15 d 变形量分别为 14.51 cm 和 6.92 cm,占监测期总变形量的 93.9% 和 93.1%。上述结果表明:围岩变形主要发生在监测期前 15 d,最终变形量均小于 20 cm,说明支护结构起到了有效抵抗破碎带软岩巷道围岩压力的效果。同时需要说明的是:由于现场施工的复杂性,特别是底板无法及时加固硬化,使得底板变形测量严重滞后,但后续监测结果表明巷道支护 45~60 d 后围岩表面收敛变形均处于较为稳定的状态,采用锚网索喷架联合支护起到了有效抵抗围岩变形的作用。

(2) 锚杆受力监测结果分析

现场锚杆测力计布置也分为 3 个测站,总计 11 个测点,现场锚杆测力计安装如图 6-25 所示。

锚杆实际受力现场监测结果如图 6-26 至图 6-28 所示。

图 6-26 至图 6-28 所示锚杆收敛监测结果表明:监测 50 d 后锚杆受力基本稳定。第一测站测点 1 位于右帮中心,130 d 后锚杆受力值为 20.0 kN,且在监测约 70 d 后处于稳定状

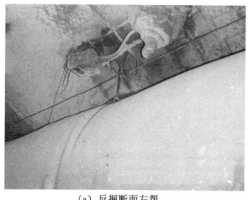
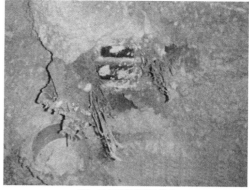

（a）反掘断面左帮　　　　　　　　　　　　（b）反掘断面顶板靠右

图 6-25　锚杆测力计各测站测点布置图

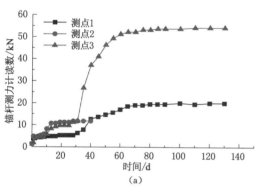
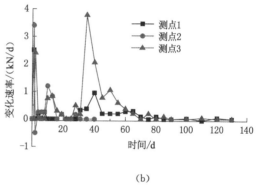

（a）　　　　　　　　　　　　　　　　　（b）

图 6-26　第一测站锚杆测力计读数及变化速率图

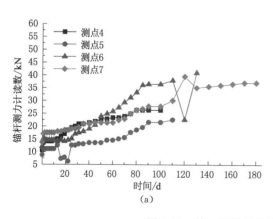
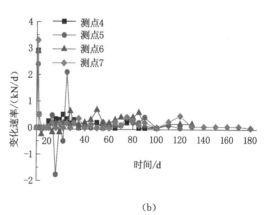

（a）　　　　　　　　　　　　　　　　　（b）

图 6-27　第二测站锚杆测力计读数及变化速率图

态;测点 2 在监测 40 d 后由于现场施工损坏后续无监测数据,其 40 d 监测数据为 11.7 kN。测点 3 位于巷道右肩窝处,监测前 30 d 内数据相对平稳,仅为 12.5 kN。巷道穿越断层破碎带过程中,测站 3 的锚杆测力计读数迅速增大,监测 60 d 后锚杆受力达到 51.5 kN,增长 39

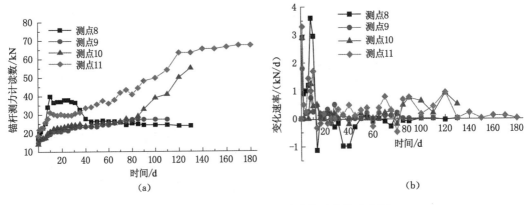

图 6-28　第三测站锚杆测力计读数及变化速率图

kN;当巷道穿越断层破碎带约 50 m 位置后,锚杆受力趋于稳定,最终 130 d 后锚杆受力值为 53.2 kN,且一直保持稳定。第二个测站监测位于巷道穿越断层破碎带处,监测时间为 180 d,其中测点 4 和测点 5 在监测 100 d 后破坏,陆续停止监测。测站 4 位于右帮直墙与拱连接处,测站 5 位于巷道右肩窝处,初始测站读数分别为 10.7 kN 和 8.8 kN,至破坏时测点 4 的测力计读数为 26.3 kN,变化 14.6 kN;测点 5 的测力计读数为 22.6 kN,变化 13.8 kN。两测点受力相对较小。测点 6 位于顶板中心偏左,测站 7 位于左肩窝位置。测试过程中,上述 2 个测点的锚杆受力始终处于增加状态,至安装 120 d 后锚杆受力才趋于稳定。至 180 d 时,锚杆受力分别稳定在 42.4 kN 和 37.1 kN。第三个测站 4 个测点的监测结果为测点 8,位于右帮,由于右帮底脚超挖严重,该测点锚杆在安装 6 d 后受力超过 40 kN,喷射混凝土后,支护结构渐趋稳定,锚杆受力下降至 36.6 kN,最终稳定为 23.9 kN;测点 9 位于巷道右肩窝,由于该测站与断层破碎带之间有一定距离,因此其数据比较平稳,110 d 后读数为 27.4 kN;测点 10 位于顶板,测点 11 位于巷道左肩窝,其尚受断层破碎带构造影响,监测 150 d 后锚杆受力才趋于稳定,至测站安装 180 d 后,锚杆受力分别为 62.8 kN 和 67.3 kN,并保持稳定。

综上所述,穿越断层破碎带之前巷道右帮受力较大,这主要是右帮先接触断层破碎带影响范围,穿越断层破碎带时,3 个测站的锚杆受力均影响较大,而穿越破碎带后巷道左帮锚杆受力较大,这是由于左帮滞后于右帮脱离断层的影响所导致的,因此在穿越断层破碎带前应加强右帮支护,穿越断层破碎带后应加强左帮支护确保支护体系安全有效。

(3)顶板离层监测结果分析

YHW300 型矿用本安型围岩位移测定仪为两点式,即包括深基点和浅基点两个位置的测量,各测站测点均布置在顶板中心位置。根据现场锚杆和锚索长度,深基点位于 7.3 m 位置,浅基点位于 2.4 m 位置,如前所述布置 3 个测站测试顶板离层量,如图 6-29 所示。

顶板离层量变化曲线如图 6-30 所示。

从上述顶板离层监测结果可以看出:第一个测站前 10 d 顶板虽然出现一定的离层但离层量较小;至 18 d 后随着巷道穿越断层破碎带,巷道顶板浅部离层显著增加至 24 mm,深部离层为 5 mm;至监测 50 d 后巷道离层不再变化,说明巷道趋于稳定;第二个测站位于断层,但时由于现场施工条件所限使仪器安装滞后,离层仪读数在安装 35 d 后达到稳定,且深部

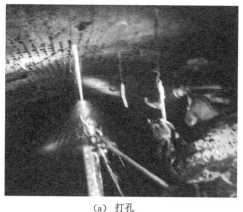（a）打孔 （b）锚固点安装

图 6-29 顶板离层仪现场安装

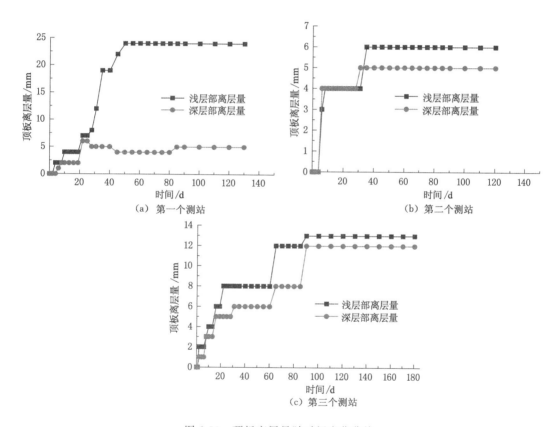

（a）第一个测站 （b）第二个测站

（c）第三个测站

图 6-30 顶板离层量随时间变化曲线

离层量为 5 mm,浅部离层量为 6 mm;第三个测站在安装初始就出现一定程度的离层变形,20 d 后顶板离层进入第一个相对稳定阶段。60 d 后浅部离层量突增至 12 mm,90 d 后浅部离层量增至 13 mm,深部离层突然增至 12 mm,其后顶板离层稳定,说明巷道顶板较为稳定,顶板离层不再继续扩展。

（4）锚杆锚固力、锚固长度和拉拔力测试

CMSW6(A)矿用本安型锚杆(索)无损检测仪对断层破碎带前后 50 m 范围内巷道锚杆(索)长度和锚固力进行测试,测试结果见表 6-4 和表 6-5。

表 6-4　锚杆锚固力和长度等指标检测结果

锚杆编号	锚杆实际长度/m	实测长度/m	锚固长度/m	长度准确率/%	极限锚固力/kN	工作荷载/kN
101 帮部	2.4	2.435 5	0.611 2	97.82	127.428 6	29.829 3
102 帮部	2.4	2.408 2	0.656 4	99.19	126.071 1	30.397 1
203 顶板	2.4	2.399 4	0.661 1	99.14	130.821	34.389 5
204 顶板	2.4	2.416 7	0.636 1	99.12	137.504 9	32.592 9
205 顶板	2.4	2.416 6	0.675 1	98.65	134.075 6	33.804 2

表 6-5　锚杆(索)拉拔试验检测结果

锚杆编号	拉拔力/kN				锚索编号	拉拔力/kN			
	实测值	预紧力	合格标准	合格与否		实测值	预紧力	合格标准	合格与否
G1 帮部	52.44	24.0	50	是	S1 帮部	162.42	103.18	125	是
G2 帮部	51.94	26.5	50	是	S2 帮部	179.25	101.36	125	是
G3 顶板	53.27	23.3	50	是	S3 顶板	170.5	102.29	125	是

表 6-4 所示锚杆锚固力和锚固长度检测结果表明:锚杆实测长度与实际锚杆长度最大相差仅 0.035 5 m,最小相差仅 0.000 6 m,测试准确率在 97.8% 以上。同时锚固长度与计算锚固长度(0.6 m)极为接近,且均大于计算的锚固长度,说明所测试锚杆均打入稳定岩层中,起到了显著的锚固效果;测试锚杆的极限锚固力均大于设计锚固力,锚杆设计工作荷载仅为实际锚固力的 23%~27%,说明上述锚杆处于绝对稳定状态,支护结构有效抵抗了松散破碎带软弱围岩的不利影响。

表 6-5 所示锚杆(索)拉拔试验结果表明:所选择 3 组锚杆和锚索测试结果均满足要求,其中锚杆实测值为合格标准的 103.8%~106.8%,锚索实测锚固力为合格标准的 129.9%~143.8%,完全满足设计使用要求。

6.5　本章小结

本章结合西部地区红庆梁煤矿弱胶结软岩矿井工程地质特点,采用现场超前地质预报、数值仿真分析、理论计算和现场监测等方法,研究了穿越断层破碎带的 3-1 煤辅运大巷支护结构稳定性问题。主要研究成果包括:

(1)基于反射共偏移法原理,利用 KDZ1114-3 便携式矿井地质探测仪对红庆梁煤矿 3-1 煤回风大巷断层情况进行预报。通过预测得出测站前方 0~15 m 为断层破碎带发育区,且其后一段范围仍存在小断层。根据现场测试结果绘制了断层破碎带与 3-1 煤回风大巷平面图和断层破碎带核心区三维空间位置图。

(2)利用 MIDAS/GTS 建立弱胶结软岩巷道数值计算模型,分析了围岩塑性区分布特征,最大应力(变)分布特征以及锚杆(索)、喷射混凝土和钢支架等支护结构受力特征。数值模拟结果表明:断层破碎带对巷道围岩应力和支护结构受力均有不利影响,断层破碎带范围内围岩塑性区范围增大,最大应力(变)增大,锚杆(索)、喷射混凝土和钢支架等支护结构在穿越断层破碎带范围时受力显著增大,工作面通过断层后,支护结构尚处于稳定状态,说明采用非对称锚网喷架联合支护是穿越断层破碎带时软岩巷道首选支护方案。

(3)根据莫斯特科夫理论计算锚杆支护参数,计算结果表明断层破碎带软岩巷道锚杆宜采用左旋螺纹钢树脂锚杆,直径为 20 mm,长度为 2 400 mm,间、排距宜为 800 mm ×800 mm。

(4)在断层破碎带影响范围内设置相应测站,开展围岩收敛变形、锚杆(索)受力、顶板离层以及锚杆受力监测。监测结果表明:断层破碎带影响范围内围岩表面收敛变形主要集中产生于测站设置 15 d 内,且围岩表面收敛变形量均小于 20 cm;锚杆受力在监测 50~120 d 后趋于稳定,且锚杆实际受力仅为设计锚固力的 30% 左右,断面 3 处锚杆受力达到 50%;顶板离层稳定在 2 cm 以内,锚杆(索)拉拔力均超过锚杆(索)设计锚固力,巷道支护结构处于较为稳定的状态,说明采用锚网索喷架联合支护充分发挥各支护结构的优势,有效控制了断层破碎带围岩的不利影响,3-1 煤辅运大巷顺利通过了断层破碎带影响范围。

参 考 文 献

[1] 何满潮.深部软岩工程的研究进展与挑战[J].煤炭学报,2014,39(8):1409-1417.

[2] BASARIR H,GENIS M,OZARSLAN A. The analysis of radial displacements occurring near the face of a circular opening in weak rock mass[J]. International journal of rock mechanics and mining sciences,2010,47(5):771-783.

[3] 侯公羽.岩石蠕变变形的混沌特性研究[J].岩土力学,2009,30(7):1909-1914.

[4] 高延法,范庆忠,崔希海,等.岩石流变及其扰动效应试验研究[M].北京:科学出版社,2007.

[5] 杨红伟,许江,彭守建,等.孔隙水压力分级加载砂岩蠕变特性研究[J].岩土力学,2015,36(增2):365-370.[知网]

[6] 高文华,刘栋,刘正.分级加卸载下深部巷道围岩蠕变特性试验研究[J].防灾减灾工程学报,2015,35(4):549-555.

[7] 胡波,王宗林,梁冰,等.岩石蠕变特性试验研究[J].实验力学,2015,30(4):438-446.

[8] 何满潮,景海河,孙晓明.软岩工程地质力学研究进展[J].工程地质学报,2000,8(1):46-62.

[9] DUBEY V,ABEDI S,NOSHADRAVAN A. A multiscale modeling of damage accumulation and permeability variation in shale rocks under mechanical loading[J]. Journal of petroleum science and engineering,2020,198(4):108-123.

[10] ZHU H H,WU Z J,CHEN M C,et al. Comparative test and study of the strength and rheological property of the soft soil subgrade [J]. Controlling differential settlement of highway soft soil subgrade, 2019, 33(3):31-35.

[11] 储昭飞,刘保国,孙景来,等.基于Burgers模型的软岩流变相似材料的研究[J].岩石力学与工程学报,2018,37(5):1185-1198.

[12] NURI A M. Time-dependent deformation of chalk marl under a triaxial state of stress[J]. International symposium on energy geotechnics,2018,31(3):307-314.

[13] 王永岩,范夕燕,甘小南,等.温度和压力作用下软岩流变相似理论的研究及应用[J].应用力学学报,2017,34(6):1193-1199,1228.

[14] 吴春,郭棋武,洪涛,等.基于超声检测的软岩单轴流变损伤试验[J].煤田地质与勘探,2017,45(5):105-111,120.

[15] 刘峻松,黄海峰,黄敏,等.基于分数阶微积分的岩石蠕变损伤本构模型[J].人民长江,2018,49(7):81-85.

[16] 王磊,李祖勇.西部弱胶结泥岩的三轴压缩试验分析[J].长江科学院院报,2016,33(8):86-90,95.

[17] 熊诗湖,周火明,黄书岭,等.构皮滩软岩流变模型原位载荷蠕变试验研究[J].岩土工程学报,2016,38(1):53-57.

[18] 王宇,李建林,左亚.坝基软岩流变试验研究及其长期稳定性分析[J].水利水电技术,2015,46(12):114-117,123.

[19] 邓茂林,许强,韩蓓,等.武隆鸡尾山滑坡滑带软岩流变试验研究[J].工程勘察,2013,41(7):7-11,17.

[20] 李迎.温度、压力、水作用下软岩流变规律的研究[D].青岛:青岛科技大学,2013.

[21] 朱定华,陈国兴.南京红层软岩流变特性试验研究[J].南京工业大学学报(自然科学版),2002,24(5):77-79.

[22] 陈沅江,潘长良,王文星.软岩流变的一种新的试验研究方法[J].力学与实践,2002,24(4):42-45.

[23] 郭志.软岩流变过程与强度研究[J].工程地质学报,1996,4(1):75-79.

[24] 张玉,徐卫亚,王伟,等.破碎带软岩流变力学试验与参数辨识研究[J].岩石力学与工程学报,2014,33(增2):3412-3420.

[25] ZHANG Y,XU W Y,GU J J,et al. Triaxial creep tests of weak sandstone from fracture zone of high dam foundation[J]. Journal of central south university,2013,20(9):2528-2536.

[26] BRANTUT N,HEAP M J,MEREDITH P G,et al. Time-dependent cracking and brittle creep in crustal rocks:a review[J]. Journal of structural geology,2013,52:17-43.

[27] ZHOU X P,HOU Q H,QIAN Q H,et al. The zonal disintegration mechanism of surrounding rock around deep spherical tunnels under hydrostatic pressure condition:a non-euclidean continuum damage model[J]. Actamechanica solida sinica,2013,26(4):373-387.

[28] 王永岩,李媛.软岩流变模型实验相似准则的推演及应用[J].辽宁工程技术大学学报(自然科学版),2012,31(3):354-357.

[29] 王渭明,王磊,代春泉.基于强度分层计算的弱胶结软岩冻结壁变形分析[J].岩石力学与工程学报,2011,30(增2):4110-4116.

[30] 谌文武,原鹏博,刘小伟.分级加载条件下红层软岩蠕变特性试验研究[J].岩石力学与工程学报,2009,28(增1):3076-3081.

[31] BLASIO F V. Rheology of a wet,fragmenting granular flow and the riddle of the anomalous friction of large rock avalanches[J]. Granularmatter,2009,11:179-184.

[32] 赵延林,曹平,陈沅江,等.分级加卸载下节理软岩流变试验及模型[J].煤炭学报,2008,33(7):748-753.

[33] TANG H,HE Z G,LIAN H B. Numerical simulation analysis on stability of coal pillar of empty mine goaf in north of Shanxi Province[J]. Applied mechanics and materials,2013,470:205-210.

[34] LOKOSHCHENKO A M. Results of studying creep and long-term strength of metals at the Institute of Mechanics at the Lomonosov Moscow State University [J]. Journal of applied mechanics and technical physics,2014,55(1):118-135.

[35] TANG H,WANG D P,HUANG R Q,et al. A new rock creep model based on variable-order fractional derivatives and continuum damage mechanics[J]. Bulletin of engineering geology and the environment,2018,77(1):375-383.

[36] LIAO M K,LAI Y M,LIU E L,et al. A fractional order creep constitutive model of warm frozen silt[J]. Actageotechnica,2017,12(2):377-389.

[37] 王怀伟,张鹏冲.深部高地应力软岩巷道支护技术研究[J].煤炭工程,2019,51(1):44-46.

[38] 刘开云,薛永涛,周辉.基于改进 Bingham 模型的软岩参数非定常三维非线性黏弹塑性蠕变本构研究[J].岩土力学,2018,39(11):4157-4164.

[39] 刘峰,于永江,曹兰柱,等.基于扰动因子的软岩扰动蠕变本构模型[J].煤炭学报,2018,43(10):2758-2764.

[40] 薛永涛.参数非定常的软岩非线性黏弹塑性流变本构模型研究[D].北京:北京交通大学,2017.

[41] 李锐铎.基于分数阶导数理论的沥青胶砂及混合料力学特性研究[D].郑州:郑州大学,2016.

[42] 李锐铎,乐金朝.基于分数阶导数的软土非线性流变本构模型[J].应用基础与工程科学学报,2014,22(5):856-864.

[43] 冯明非.磁流变液本构特性的研究及其面向液压衬套的应用仿真[D].长春:吉林大学,2016.

[44] 徐达.红层岩石蠕变特性及其非线性本构模型研究[D].成都:西南交通大学,2016.

[45] 王晓波.岩石材料的蠕变实验及本构模型研究[D].重庆:重庆大学,2016.

[46] 何志磊,朱珍德,朱明礼,等.基于分数阶导数的非定常蠕变本构模型研究[J].岩土力学,2016,37(3):737-744,775.

[47] 高春艳.朱集煤矿巷道围岩流变性状及本构模型研究[D].北京:中国矿业大学(北京),2016.

[48] 尹检务,旷杜敏,王智超.压实土固结蠕变特征及分数阶流变模型参数分析[J].湖南科技大学学报(自然科学版),2015,30(3):46-51.

[49] 丁靖洋.盐岩流变细观机制及本构模型研究[D].北京:中国矿业大学(北京),2015.

[50] 丁靖洋,周宏伟,陈琼,等.盐岩流变损伤特性及本构模型研究[J].岩土力学,2015,36(3):769-776.

[51] GAO W. Identification of constitutive model for rock materials based on immune continuous ant colony algorithm [J]. Materials research innovations, 2015, 19 (sup5): 311-315.

[52] 丁靖洋,周宏伟,刘迪,等.盐岩分数阶三元件本构模型研究[J].岩石力学与工程学报,2014,33(4):672-678.

[53] 吴斐,刘建锋,武志德,等.盐岩的分数阶非线性蠕变本构模型[J].岩土力学,2014,35(增2):162-167.

[54] 唐皓.大理岩瞬时及流变力学特性与本构模型研究[D].西安:长安大学,2014.

[55] WANG H W,ZHOU H W,JI H W,et al. Application of extended finite element method in damage progress simulation of fiber reinforced composites[J]. Materials &

design,2014,55:191-196.

［56］宋洋.软岩非线性蠕变损伤特性及锚固机理研究［D］.阜新:辽宁工程技术大学,2014.

［57］牛连僧.深部人工冻土力学特性及分数阶导数西原模型研究［D］.淮南:安徽理工大学,2014.

［58］陈亮.深埋软岩隧道流变特征研究［D］.成都:西南交通大学,2014.

［59］BAI F,YANG X H,ZENG G W. Creep and recovery behavior characterization of asphalt mixture in compression［J］. Construction and building materials,2014,54:504-511.

［60］宋勇军.干燥和饱水状态下炭质板岩流变力学特性与模型研究［D］.西安:长安大学,2013.

［61］JUMARIE G. On the derivative chain-rules in fractional calculus via fractional difference and their application to systems modelling［J］. Open physics,2013,11（6）: 617-633.

［62］周宏伟,王春萍,段志强,等.基于分数阶导数的盐岩流变本构模型［J］.中国科学:物理学 力学 天文学,2012,42(3):310-318.

［63］王智超.高填方路堤流变沉降本构模型及其计算方法研究［D］.湘潭:湘潭大学,2011.

［64］FRIEDRICH C. Relaxation functions of rheological constitutive equations with fractional derivatives:Thermodynamical constraints［C］//Rheologicalmodelling: thermodynamical and statistical approaches,1991:321-330.

［65］ANDRÉ S,MESHAKA Y,CUNAT C. Rheological constitutive equation of solids:a link between models based on irreversible thermodynamics and on fractional order derivative equations［J］. Rheologicaacta,2003,42(6):500-515.

［66］CARPINTERI A,CORNETTI P. A fractional calculus approach to the description of stress and strain localization in fractal media［J］. Chaos,solitons & fractals,2002, 13(1):85-94.

［67］MARANINI E,YAMAGUCHI T. A non-associated viscoplastic model for the behaviour of granite in triaxial compression［J］. Mechanics of materials,2001,33(5):283-293.

［68］CHEN S M,WU A X,WANG Y M,et al. Study on repair control technology of soft surrounding rock roadway and its application［J］. Engineering failure analysis,2018, 92:443-455.

［69］VASLESTAD J,BARTLETT S F,AABØE R,et al. Bridge foundations supported by EPS geofoam embankments on soft soil［C］//5th International Conference on Geofoam Blocks in Construction Applications.［S. l.:s. n.］,2019:281-294.

［70］刘燕,彭军.弱胶结软岩巷道让抗联合底臌控制技术及应用［J］.矿业研究与开发, 2018,38(6):16-20.

［71］YU W J,WU G S,AN B F. Investigations of support failure and combined support for soft and fractured coal-rock tunnel in tectonic belt［J］. Geotechnical and geological engineering,2018,36(6):3911-3929.

［72］崔跟生.弱胶结软岩巷道支护技术研究［J］.山西焦煤科技,2018,42(4):27-30.

［73］WANG Z C,WANG C,WANG X W. Research on high strength and pre-stressed coupling support technology in deep extremely soft rock roadway[J]. Geotechnical and geological engineering,2018,36(5):3173-3182.

[74] ZHOU Z L,ZHAO Y,CAO W Z,et al. Dynamic response of pillar workings induced by sudden pillar recovery[J]. Rock mechanics and rock engineering,2018,51(10):3075-3090.

[75] TENG J Y,TANG J X,ZHANG Y N,et al. CT experimental study on the damage characteristics of anchored layered rocks[J]. Journal of civil engineering,2018,22(9):3653-3662.

[76] 李学彬,杨春满,王波,等.西部弱胶结软岩巷道新型聚合物喷层支护研究[J].煤炭科学技术,2017,45(12):76-80.

[77] 黄其文,孙成磊.伊犁四矿易崩解弱胶结软岩巷道支护技术[J].化工管理,2017,13(22):163-164.

[78] 郭磊.弱胶结软岩托顶煤巷道顶板锚固支护机理研究及应用[D].青岛:山东科技大学,2017.

[79] 侯健.杨家村矿弱胶结软岩大断面煤巷失稳机制及支护技术[D].北京:中国矿业大学(北京),2017.

[80] 贺广良,王渭明,张为社,等.弱胶结软岩巷道断面形式及支护优化研究[J].煤炭工程,2017,49(1):38-41.

[81] 康红普.我国煤矿巷道锚杆支护技术发展60年及展望[J].中国矿业大学学报,2016,45(6):1071-1081.

[82] 孟庆彬,韩立军,乔卫国,等.泥质弱胶结软岩巷道变形破坏特征与机理分析[J].采矿与安全工程学报,2016,33(6):1014-1022.

[83] 陈佃浩,李廷春,吕学安,等.弱胶结软岩地层相邻大断面巷道合理间距研究[J].矿冶工程,2016,36(4):16-20,25.

[84] 张欢.煤矿弱胶结软岩巷道锚网支护技术应用探讨[J].内蒙古煤炭经济,2016(14):43-45.

[85] GAO W,GE M M,CHEN D L,et al. Back analysis for rock model surrounding underground roadways in coal mine based on black hole algorithm[J]. Engineering with computers,2016,32(4):675-689.

[86] 郝育喜,王炯,袁越,等.沙吉海煤矿弱胶结膨胀性软岩巷道大变形控制对策[J].采矿与安全工程学报,2016,33(4):684-691.

[87] 贾宝新,贾志波,刘家顺,等.弱胶结软岩巷道支护技术研究[J].安全与环境学报,2016,16(3):109-115.

[88] 王渭明,孙捷城,吕连勋.弱胶结软岩巷道围岩位移反演地应力研究[J].中国矿业大学学报,2016,45(3):646-652.

[90] 薛克龙,李廷春,高启强,等.大淋水泥化弱胶结软岩巷道分阶段闭合支护技术[J].河南大学学报(自然科学版),2015,45(4):487-492.

[91] 张向东,张哲诚,柴源,等.高分子树脂材料对水泥砂浆固结吸水性能影响的研究[J].硅酸盐通报,2015,34(6):1465-1469.

［92］张绍琦,林登阁,曹帅,等.白垩系软岩地层半煤岩巷道支护技术研究[J].建井技术,
2015,36(2):40-43.

［93］SUN L H,WU H Y,YANG B S,et al. Support failure of a high-stress soft-rock road-
way in deep coal mine and the equalized yielding support technology:a case study[J].
International journal of coal science & technology,2015,2(4):279-286.

［94］张德宝,张智纲.弱胶结软岩巷道锚网喷架联合支护技术[J].辽宁工程技术大学学报
(自然科学版),2015,34(4):447-452.

［95］李廷春,张仕林,卢振,等.泥化弱胶结软岩巷道底板变形破坏机理分析[J].湖南科技
大学学报(自然科学版),2015,30(1):1-7.

［96］ZHANG J H,WANG L G,LI Q H,et al. Plastic zone analysis and support optimiza-
tion of shallow roadway with weakly cemented soft strata[J]. International journal of
mining science and technology,2015,25(3):395-400.

［97］GUI Y,BUI H H,KODIKARA J. An application of a cohesive fracture model combi-
ning compression,tension and shear in soft rocks[J]. Computers and geotechnics,
2015,66:142-157.

［98］卢波.弱胶结软岩回风巷支护技术研究[J].山西煤炭管理干部学院学报,2015,28(1):
13-14,20.

［99］陈家瑞,浦海,肖成.基于分数阶理论的破碎泥岩流变模型试验研究[J].中国矿业大学
学报,2015,44(6):996-1001.

［100］陈军生,尚玉强,刘进晓.伊犁一矿弱胶结软岩巷道支护技术研究[J].中国煤炭,
2014,40(11):40-43.

［101］赵增辉,王谓明,严纪兴.弱胶结软岩地层煤巷稳定性的参数影响度及其破坏特征
[J].现代隧道技术,2014,51(3):144-151.

［102］ZHAO Z H,WANG W M,DAI C Q,et al. Failure characteristics of three-body
model composed of rock and coal with different strength and stiffness[J]. Transac-
tions of nonferrous metals society of China,2014,24(5):1538-1546.

［103］于锋.西部矿区弱胶结软岩巷道底臌控制研究[D].徐州:中国矿业大学,2014.

［104］王云博,景继东,张德泉,等.弱胶结软岩巷道变形破坏控制技术及其应用[J].煤矿开
采,2014,19(2):53-57.

［105］李廷春,卢振,刘建章,等.泥化弱胶结软岩地层中矩形巷道的变形破坏过程分析[J].
岩土力学,2014,35(4):1077-1083.

［106］王谓明,高鑫,景继东,等.弱胶结软岩巷道锚网索耦合支护技术研究[J].煤炭科学技
术,2014,42(1):23-26.

［107］赵鹏涛.弱胶结软岩巷道支护技术及泥化矸石治理研究[D].阜新:辽宁工程技术大
学,2014.

［108］乔卫国,韦九洲,林登阁,等.侏罗白垩纪极弱胶结软岩巷道变形破坏机理分析[J].山
东科技大学学报(自然科学版),2013,32(4):1-6.

［109］亓荣强.鲁新煤矿弱胶结软岩巷道支护技术[J].煤炭科技,2012(3):88-90.

［110］沈明荣,谌洪菊,张清照.基于蠕变试验的结构面长期强度确定方法[J].岩石力学与

工程学报,2012,31(1):1-7.

[111] LIN H F. Study of soft rock roadway support technique[J]. Procedia engineering, 2011,26:321-326.

[112] 孔令辉.弱胶结软岩巷道围岩稳定性分析及支护优化研究[D].青岛:山东科技大学,2011.

[113] 何满潮,李国峰,王炯,等.兴安矿深部软岩巷道大面积高冒落支护设计研究[J].岩石力学与工程学报,2007,26(5):959-964.

[114] 张素敏,朱永全,高炎,等.全风化花岗岩流变特性试验研究[J].地下空间与工程学报,2016,12(4):904-911.

[115] 张春晓.膨胀土非线性应力松弛特性试验研究[D].长沙:中南林业科技大学,2017.

[116] 王维国.岩石率敏性三轴试验及弹粘塑性软化型本构模型表征[D].湘潭:湘潭大学,2017.

[117] 江宗斌,姜谙男,李宏,等.加卸载条件下石英岩蠕变-渗流耦合规律试验研究[J].岩土工程学报,2017,39(10):1832-1841.

[118] 马芹永,郁培阳,袁璞.干湿循环对深部粉砂岩蠕变特性影响的试验研究[J].岩石力学与工程学报,2018,37(3):593-600.

[119] 沈明荣,谌洪菊.红砂岩长期强度特性的试验研究[J].岩土力学,2011,32(11):3301-3305.

[120] 夏才初,许崇帮,王晓东,等.统一流变力学模型参数的确定方法[J].岩石力学与工程学报,2009,28(2):425-432.

[121] 袁伟伟.泥岩动态蠕变分数阶损伤模型研究[D].大庆:东北石油大学,2014.

[122] 王刚,蒋宇静,李为腾.弱胶结软岩大变形破坏控制理论与技术[M].北京:科学出版社,2016.

[123] 杨仁树,朱晔,李永亮,等.弱胶结软岩巷道层状底板底鼓机理及控制对策[J].采矿与安全工程学报,2020,37(3):443-450.

[124] 谢和平.深部岩体力学与开采理论研究进展[J].煤炭学报,2019,44(5):1283-1305.

[125] 李建贺,盛谦,朱泽奇,等.地下洞室分期开挖应力扰动特征与规律研究[J].岩土力学,2017,38(2):549-556.

[126] 崔溦,王宁.开挖过程中隧洞围岩应力主轴旋转及其对围岩破坏模式的影响[J].中南大学学报(自然科学版),2014,45(6):2062-2070.

[127] 周辉,渠成堃,王竹春,等.深井巷道掘进围岩演化特征模拟与扰动应力场分析[J].岩石力学与工程学报,2017,36(8):1821-1831.

[128] LI Z L,WANG L G,LU Y L,et al. Effect of principal stress rotation on the stability of a roadway constructed in half-coal-rock stratum and its control technology[J]. A-rabian journal of geosciences,2021,14(4):292-302.

[129] LI B,CHEN L L,GUTIERREZ M. Influence of the intermediate principal stress and principal stress direction on the mechanical behavior of cohesionless soils using the discrete element method[J]. Computers and geotechnics,2017,86:52-66.

[130] EBERHARDT E. Numerical modelling of three-dimension stress rotation ahead of

an advancing tunnel face[J]. International journal of rock mechanics and mining sciences,2001,38(4):499-518.

[131] KAISER P K,YAZICI S,MALONEY S. Mining-induced stress change and consequences of stress path on excavation stability—a case study[J]. International journal of rock mechanics and mining sciences,2001,38(2):167-180.

[132] 李建贺,盛谦,朱泽奇,等.Mine-by 试验洞开挖过程中围岩应力路径与破坏模式分析[J].岩石力学与工程学报,2017,36(4):821-830.

[133] 肖庆华.膨胀软岩巷道围岩控制:上海庙矿区侏罗纪软岩支护案例[M].北京:煤炭工业出版社,2018.

[134] MA Q,ZHAO Z H,GAO X J,et al. Numerical survey on the destabilization mechanism of weakly cemented soft rock roadway considering interlayer effect[J]. Geotechnical and geological engineering,2019,37(1):95-105.

[135] 蔡金龙,涂敏,张华磊.侏罗系弱胶结软岩回采巷道变形失稳机理及围岩控制技术研究[J].采矿与安全工程学报,2020,37(6):1114-1122.

[136] 赵维生,韩立军,张益东,等.主应力对深部软岩巷道围岩稳定性影响规律研究[J].采矿与安全工程学报,2015,32(3):504-510.

[137] 王路军,周宏伟,荣腾龙,等.深部煤体采动应力场演化规律及扰动特征研究[J].岩石力学与工程学报,2019,38(增 1):2944-2954.

[138] DIEDERICHS M S,KAISER P K,EBERHARDT E. Damage initiation and propagation in hard rock during tunnelling and the influence of near-face stress rotation[J]. International journal of rock mechanics and mining sciences,2004,41(5):785-812.

[139] 曾西源.深埋洞室围岩破裂区时空分布特征研究[D].重庆:重庆大学,2015.

[140] 朱训国,陈卓立,赵德深.深部隧洞围岩分区破裂应力/应变分析及其破裂机理探讨[J].西安理工大学学报,2017,33(4):402-407,485.

[141] CHEN D D,JI C W,XIE S R,et al. Deviatoric stress evolution laws and control in surrounding rock of soft coal and soft roof roadway under intense mining conditions[J]. Advances inmaterials science and engineering,2020,2020:5036092.

[142] 端宁.深部开采扰动诱发围岩应力场及能量场演化规律研究[D].徐州:中国矿业大学,2016.

[143] 徐长节,梁禄钜,陈其志,等.考虑松动区内应力分布形式的松动土压力研究[J].岩土力学,2018,39(6):1927-1934.

[144] 卢志国,鞠文君,赵毅鑫,等.采动诱发应力主轴偏转对断层稳定性影响分析[J].岩土力学,2019,40(11):4459-4466.

[145] 庞义辉,王国法,李冰冰.深部采场覆岩应力路径效应与失稳过程分析[J].岩石力学与工程学报,2020,39(4):682-694.

[146] 汪大海.浅埋超大跨隧道地层成拱机理及围岩压力研究[D].北京:北京交通大学,2020.

[147] 刘镇,周翠英,陆仪启,等.软岩水-力耦合的流变损伤多尺度力学试验系统的研制[J].岩土力学,2018,39(8):3077-3086.

[148] DU B,BAI H B,WU G M. Dynamic compression properties and deterioration of red-sandstone subject to cyclic wet-dry treatment[J]. Advances incivil engineering,2019,2019:1487156.

[149] ROOHOLLAH N D,MASOUD S. Deterioration of weak rocks over time and its effect on designing tunnel support systems[J]. Bulletin of engineering geology and the environment,2017,24(2):1154- 1162.

[150] 刘家顺,靖洪文,孟波,等.含水条件下弱胶结软岩蠕变特性及分数阶蠕变模型研究[J].岩土力学,2020,41(8):2609-2618.

[151] 王乐华,牛草原,张冰祎,等.不同应力路径下深埋软岩力学特性试验研究[J].岩石力学与工程学报,2019,38(5):973-981.

[152] HUANG X,LIU Q S,LIU B,et al. Experimental study on the dilatancy and fracturing behavior of soft rock under unloading conditions[J]. International journal of civil engineering,2017,15(6):921-948.

[153] 郑颖人,孔亮.岩土塑性力学[M].北京:中国建筑工业出版社,2010.

[154] 谢和平,高峰,鞠杨.深部岩体力学研究与探索[J].岩石力学与工程学报,2015,34(11):2161-2178.

[155] SU G S,SHI Y J,FENG X T,et al. True-triaxial experimental study of the evolutionary features of the acoustic emissions and sounds of rockburst processes[J]. Rock mechanics and rock engineering,2018,51(2):375-389.

[156] ZHOU H,JIANG Y,LU J J,et al. Development of a hollow cylinder torsional apparatus for rock[J]. Rock mechanics and rock engineering,2018,51(12):3845-3852.

[157] 周辉,姜玥,卢景景,等.岩石空心圆柱扭剪仪试验能力[J].岩土力学,2018,39(5):1917-1922.

[158] 孙小明,武雄,何满潮,等.强膨胀性软岩的判别与分级标准[J].岩石力学与工程学报,2005,24(1):128-132.

[159] BIAN K,LIU J,LIU Z P,et al. Mechanisms of large deformation in soft rock tunnels:a case study of Huangjiazhai Tunnel[J]. Bulletin of engineering geology and the environment,2019,78(1):431-444.

[160] ROSENBRAND E,KJØLLER C,RIIS J F,et al. Different effects of temperature and salinity on permeability reduction by fines migration in Berea sandstone [J]. Geothermics,2015,53:225-235.

[161] 宋朝阳,纪洪广,刘志强,等.干湿循环作用下弱胶结岩石声发射特征试验研究[J].采矿与安全工程学报,2019,36(4):812-819.

[162] 李元海,贾冉旭,杨苏.基于岩土渐进变形特征的数字散斑相关优化分析法[J].岩土工程学报,2015,37(8):1490-1496.

[163] YANG X J,WANG J M,ZHU C,et al. Effect of wetting and drying cycles on microstructure of rock based on SEM[J]. Environmental earth sciences,2019,78(6):1-10.

[164] CUNDALL P A,STRACK O D L. A discrete numerical model for granular assemblies[J]. Géotechnique,1979,29(1):47-65.

［165］HUANG H Y,DETOURNAY E. Discrete element modeling of tool-rock interaction II:rock? indentation[J]. International journal for numerical and analytical methods in geomechanics,2013,37(13):1930-1947.

［166］BAHAADDINI M,HAGAN P C,MITRA R,et al. Parametric study of smooth joint parameters on the shear behaviour of rock joints[J]. Rock mechanics and rock engineering,2015,48(3):923-940.

［167］何娟,林杭,李江腾.岩石细观特征对其宏观力学行为的影响[J].铁道科学与工程学报,2017,14(10):2072-2081.

［168］杨圣奇,李尧,黄彦华,等.单孔圆盘劈裂试验宏细观力学特性颗粒流分析[J].中国矿业大学学报,2019,48(5):984-992.

［169］李桂臣,孙长伦,何锦涛,等.软弱泥岩遇水强度弱化特性宏细观模拟研究[J].中国矿业大学学报,2019,48(5):935-942.

［170］孟庆彬,韩立军,王琦.极弱胶结岩体结构与力学特性及本构模型研究[M].徐州:中国矿业大学出版社,2018.

［171］BIAN K,LIU J,ZHANG W,et al. Mechanical behavior and damage constitutive model of rock subjected to water-weakening effect and uniaxial loading[J]. Rock mechanics and rock engineering,2019,52(1):97-106.

［172］HAN L J,HE Y N,ZHANG H Q. Study of rock splitting failure based on Griffith strength theory[J]. International journal of rock mechanics and mining sciences,2016,83:116-121.

［173］杨秀荣,姜谙男,江宗斌.含水状态下软岩蠕变试验及损伤模型研究[J].岩土力学,2018,39(S1):167-174.

［174］于永江,张伟,张国宁,等.富水软岩的蠕变特性实验及非线性剪切蠕变模型研究[J].煤炭学报,2018,43(6):1780-1788.

［175］LIU J S,JING H W,MENG B,et al. A four-element fractional creep model of weakly cemented soft rock[J]. Bulletin of engineering geology and the environment,2020,79(10):5569-5584.

［176］CAI X,ZHOU Z L,ZANG H Z,et al. Water saturation effects on dynamic behavior and microstructure damage of sandstone:phenomena and mechanisms[J]. Engineering geology,2020,276:105760.

［177］朱珍德,黄强,王剑波,等.岩石变形劣化全过程细观试验与细观损伤力学模型研究[J].岩石力学与工程学报,2013,32(6):1167-1175.

［178］周翠英,黄思宇,刘镇,等.红层软岩软化的界面过程及其动力学模型[J].岩土力学,2019,40(8):3189-3196,3206.

［179］刘家顺,张向东,孙嘉宝,等.主应力轴旋转下K0固结饱和粉质黏土孔压及变形特性试验研究[J].岩土力学,2018,39(8):2787-2794,2804.

［180］SHEN Y,DU W H,LIU H L,et al. Amplitude ratio effect on dynamic characteristics of remolded soft clay under train loads[J]. Soil mechanics and foundation engineering,2018,55(4):249-257.

[181] MATSUOKA H,SAKAKIBARA K. A constitutive model for sands and clays evaluating principal stress rotation[J]. Soils and foundations,1987,27(4):73-88.

[182] QIAN J G,DU Z B,YIN Z Y. Cyclic degradation and non-coaxiality of soft clay subjected to pure rotation of principal stress directions[J]. Actageotechnica,2018, 13(4):943-959.

[183] YUAN R,YU H S,HU N,et al. Non-coaxial soil model with an anisotropic yield criterion and its application to the analysis of strip footing problems[J]. Computers and geotechnics,2018,99:80-92.

[184] 温勇,杨光华,汤连生,等.基于广义位势理论的非共轴本构模型验证[J].中南大学学报(自然科学版),2017,48(7):1817-1823.

[185] CHEN Z Q,HUANG M S. Non-coaxial behavior modeling of sands subjected to principal stress rotation[J]. Actageotechnica,2020,15(3):655-669.

[186] 李军.弱胶结软岩流变特性及巷道支护技术研究[D].阜新:辽宁工程技术大学,2019.

[187] 刘家顺,靖洪文,孟波,等.含水条件下弱胶结软岩蠕变特性及分数阶蠕变模型研究[J].岩土力学,2020,41(8):2609-2618.

[188] 张向东,蔡冀奇,唐楠楠,等.深部砂岩力学特性试验与本构模型[J].煤炭学报,2019,44(7):2087-2093.

[189] 谢宝琚,张向东,贾宝新.砂岩变参数蠕变损伤特性分析[J].辽宁工程技术大学学报(自然科学版),2018,37(4):710-714.

[190] 张向东,李军,刘家顺,等.基于模糊综合评判法的软岩斜井井筒支护体系稳定性评价[J].辽宁工程技术大学学报(自然科学版),2018,37(3):476-481.

[191] 张向东,袁升礼,殷增光,等.基于遗传算法的软岩破碎带巷道围岩参数反分析[J].辽宁工程技术大学学报(自然科学版),2018,37(2):285-289.

[192] 任强,罗波远,张闯,等.弱胶结软岩巷道变形破坏特征及注浆加固试验[J].山西焦煤科技,2021,45(9):9-12,25.

[193] 谭云亮,于凤海,马成甫,等.弱胶结软岩煤巷锚杆索-围岩变形协同控制方法研究[J].煤炭科学技术,2021,49(1):198-207.

[194] 刘坤,黄其文,孙成磊,等.易崩解弱胶结软岩巷道失稳机理及控制技术[J].煤炭科学技术,2020,48(增2):17-23.

[195] 张亮,张志忠,方运买,等.泥质胶结软岩巷道锚注支护技术[J].煤炭技术,2020,39(10):10-13.

[196] 赵维生,梁维,王海,等.地层含水率对弱胶结软岩巷道围岩稳定性的影响:以内蒙古五间房西一煤矿为例[J].中国矿业,2020,29(11):154-159.

[197] 赵增辉,马庆,高晓杰,等.弱胶结软岩巷道围岩非协同变形及灾变机制[J].采矿与安全工程学报,2019,36(2):272-279,289.

[198] 蔡金龙,涂敏,张华磊.侏罗系弱胶结软岩回采巷道变形失稳机理及围岩控制技术研究[J].采矿与安全工程学报,2020,37(6):1114-1122.

[199] 范子仪,李永亮,孙昊,等.采动影响下弱胶结软岩巷道非对称变形特征与控制对策[J].采矿与岩层控制工程学报,2022,4(2):44-53.